よくわかる「ポリマーセメントコンクリート/ポリマーコンクリート」の基本と応用

監修……大濱嘉彦
共著……飯塚 泉
　　　　池谷純一
　　　　小川晴果
　　　　叶 健児
　　　　小宮山 正
　　　　白井 篤
　　　　永井香織
　　　　堀田忠義
　　　　松林裕二
　　　　山田康史

建築技術

まえがき

　監修者である私のコンクリート・ポリマー複合体（ポリマーセメントコンクリート，ポリマーコンクリートおよびポリマー含浸コンクリートの総称）とのかかわりは，40数年前にさかのぼり，わが国におけるコンクリート・ポリマー複合体の研究・開発の歴史は，私の研究・開発活動の歴史と重なる。このような歴史を振り返るとき，コンクリート・ポリマー複合体が，その研究・開発の当初と比べて，現在のようにポピュラーな建築材料となったことは，まさに隔世の感がある。

　本書は，日本建築学会「コンクリート・ポリマー複合体小委員会」において，当時，幹事であった㈱大林組技術研究所小川晴果博士の発案で始まった，「環境に配慮したコンクリート・ポリマー複合体の使い方とその技術の現状」と題する「建築技術」誌の連載を，初心者向けに改稿したものである。

執筆者は，コンクリートポリマー複合体の各種分野における実務の専門家であり，本書では，この材料に関してすぐに役立つ情報が手際よく整理され，提供されている。いかに素晴らしい特性をもった建築材料であっても，その使い方を誤れば，クレームが続出する建築材料となる。コンクリート・ポリマー複合体が，今後，建築材料として大きく発展するためには，その使い方に関する正しい情報をもった技術者の裾野を広げる必要があるものと考える。

　このような意味において，本書が初心者にとって本当に役立つ，コンクリート・ポリマー複合体に関する基礎知識を提供することができれば，監修者にとって望外の幸せである。

2007年7月吉日

大 濱 嘉 彦

目 次

まえがき ……………………………………………………………………………… 2

第1章 コンクリート・ポリマー複合体とは …………… 6

コンクリート・ポリマー複合体の概要と本書の目的 …………………………… 8
コンクリート・ポリマーの体系と分類 …………………………………………… 10
ポリマーセメントコンクリート（モルタル）…………………………………… 13
ポリマーコンクリート（モルタル）……………………………………………… 25
ポリマー含浸コンクリート（モルタル）………………………………………… 35
コンクリート・ポリマー複合体の品質・試験および施工の標準化の動向 …… 40

第2章 コンクリート・ポリマー複合体の建築物への応用 …… 50

左官材料 …………………………………………………………………………… 52
仕上塗材 …………………………………………………………………………… 56
タイル張り用接着材 ……………………………………………………………… 60
塗床材 ……………………………………………………………………………… 64
ポリマーセメント系塗膜防水材 ………………………………………………… 68

鉄筋コンクリート用防食材 …………………………………………………………… 72

表面改質用コンクリート・ポリマー複合体 …………………………………………… 76

鉄筋コンクリート補修用コンクリート・ポリマー複合体 …………………………… 81

耐震補強用連続繊維シート …………………………………………………………… 86

その他の連続繊維補強材 ……………………………………………………………… 91

舗装材 …………………………………………………………………………………… 96

プレキャスト製品 ……………………………………………………………………… 101

第3章 コンクリート・ポリマー複合体の新技術 …………………………… 106

今後期待されるコンクリート・ポリマー複合体① ……………………………………… 108
  耐水性に優れたMDFセメント硬化体／耐水性に優れたポリマーせっこう

今後期待されるコンクリート・ポリマー複合体② ……………………………………… 113
  インテリジェントコンクリート／
  オートクレーブ養生ポリマーセメントモルタルおよびコンクリート

今後期待されるコンクリート・ポリマー複合体③ ……………………………………… 113
  再乳化形粉末樹脂混入ポリマーセメントモルタル用収縮低減剤／
  ポリマー混和剤としての高吸水性ポリマー／高曲げ強さを有するポリマーセメントモルタル

環境負荷低減（循環型社会）を考慮したコンクリート・ポリマー複合体① ………… 124
  ポリマー系廃棄物のセメントコンクリート（モルタル）用骨材としてのリサイクル事例

環境負荷低減（循環型社会）を考慮したコンクリート・ポリマー複合体② ………… 130
  ポリマーコンクリート（モルタル）用骨材および結合材としての廃棄物の再資源化技術の動向

POLY

第1章

コンクリート・ポリマー複合体は、従来のセメントコンクリートの結合材であるセント水和物に由来する性能上の欠点を、ポリマーを用いて改善する目的で開発されたもので、大略、ポリマーセメントコンクリート、ポリマーコンクリート（レジンコンクリート）およびポリマー含浸コンクリートの3つに大別されます。これらの複合体の製造原理は、セメントコンクリートの結合材であるセメント水和物の一部または全部をポリマー（高分子）によって代替、あるいは強化することです。

本章では、以下の第2章および第3章を、読者によく理解していただくために、ポリマーセメントコンクリート、ポリマーコンクリート（レジンコンクリート）およびポリマー含浸コンクリートの定義、使用材料、使い方、性質および用途について、平易に解説しています。

コンクリート・ポリマー複合体の概要と本書の目的

　コンクリート・ポリマー複合体は，セメントペースト，モルタルおよびコンクリートの性能改善を目的に開発されたものである。このコンクリート・ポリマー複合体は，ポリマーセメントペースト，モルタルおよびコンクリート，ポリマーペースト，モルタルおよびコンクリート，ならびにポリマー含浸モルタルおよびコンクリートに大別される。

　このようなコンクリート・ポリマー複合体は，使用材料に高分子材料を含むことから，その研究・開発は，建築材料分野と化学工業分野の境界領域に位置すると考えられる。そのため，従来，コンクリート・ポリマー複合体は，建築技術者にとっては，あまりなじみのない材料として取り扱われてきた。

　しかしながら，現在では，コンクリート・ポリマー複合体は，左官材，仕上塗材，タイル張り用接着材，塗床材，塗膜防水材，鉄筋コンクリート用防食材，コンクリート表面の改質材，鉄筋コンクリート構造物用補修材，舗装材，プレキャスト製品などとして，建築工事のあらゆる分野で広範囲に使用されている。また，コンクリート・ポリマー複合体を応用した連続繊維シートは，鉄筋コンクリート構造物の耐震補強材として，その適用事例が増大しつつある。

　循環型社会において，建築物の長寿命化は，環境負荷低減を推し進めるうえで最も有効な手段といわれている。コンクリート・ポリマー複合体は，その優れた耐久性から，建築物の長寿命化になくてはならない材料である。さらに，環境負荷低減を考慮して，各種廃棄物は，コンクリート・ポリマー複合体としての再資源化技術によって，新しい建築材料に生まれ変わりつつある。

　本書を通じて，現場実務に携わる建築技術者の皆様に，コンクリート・ポリマー複合体をより身近な建築材料としてとらえ直していただくために，実務に役立つ有用な情報を提供できれば幸いである。

　本書の第2章と第3章では，"モルタル，セメント硬化体，せっこう硬化体"の場合は，「曲げ強さ・圧縮強さ」，"コンクリート"の場合は，「曲げ強度・圧縮強度」，JISなどの場合は規定どおりに用語を統一している。また，「d→日」「h→時間」「min→分」で用語を統一している。

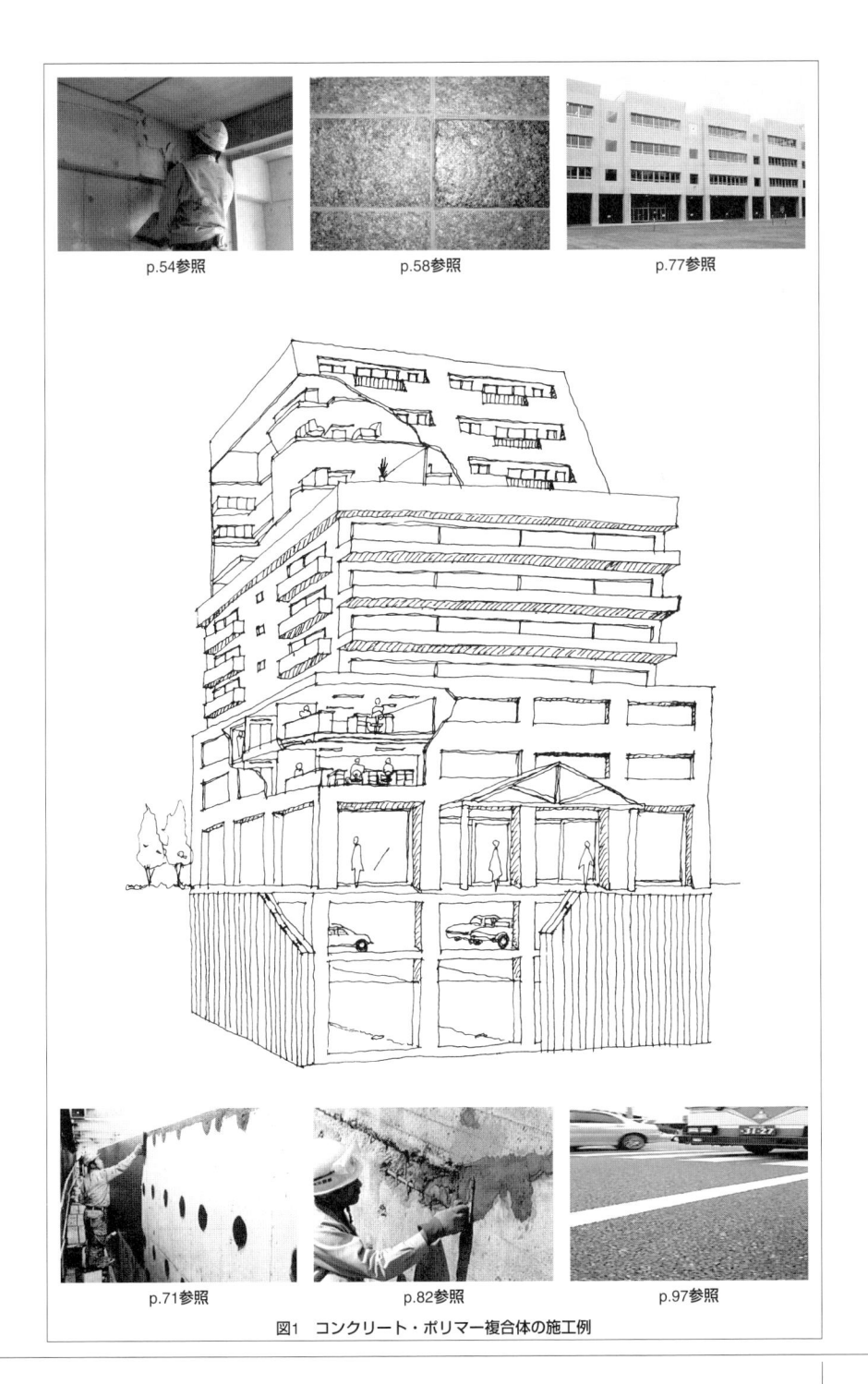

p.54参照　　　　　p.58参照　　　　　p.77参照

p.71参照　　　　　p.82参照　　　　　p.97参照

図1　コンクリート・ポリマー複合体の施工例

コンクリート・ポリマー複合体の体系と分類

　コンクリート（広義）は，結合材（マトリックス）相（無機セメントなど）と，分散材相（細・粗骨材など）からなる二相系複合材料と考えられる。典型的な無機セメントであるポルトランドセメントを用いたセメントコンクリートは，一般的な建築材料であるが，その結合材であるセメント水和物に起因する欠点，例えば，遅い硬化，小さい引張および曲げ強度，大きい乾燥収縮，低い耐薬品性などを有している。このような欠点を改善する目的で，ポリマー（polymer，重合体または高分子ともいう）を用いて，セメントコンクリートの結合材であるセメント水和物の一部または全部の代替あるいは強化した材料をコンクリート・ポリマー複合体（concrete-polymer composite）と総称する。ポリマーとは，広義には有機高分子材料全般を指す。従来，わが国ではポリマーコンクリートまたはプラスチックコンクリートと称されたが，国際的に普及した用語と異なるので望ましくない。コンクリート・ポリマー複合体は，製造原理の違いから，ポリマーセメントコンクリート（polymer-modified concreteまたはpolymer-cement concrete，略称：PMCまたはPCC），ポリマー

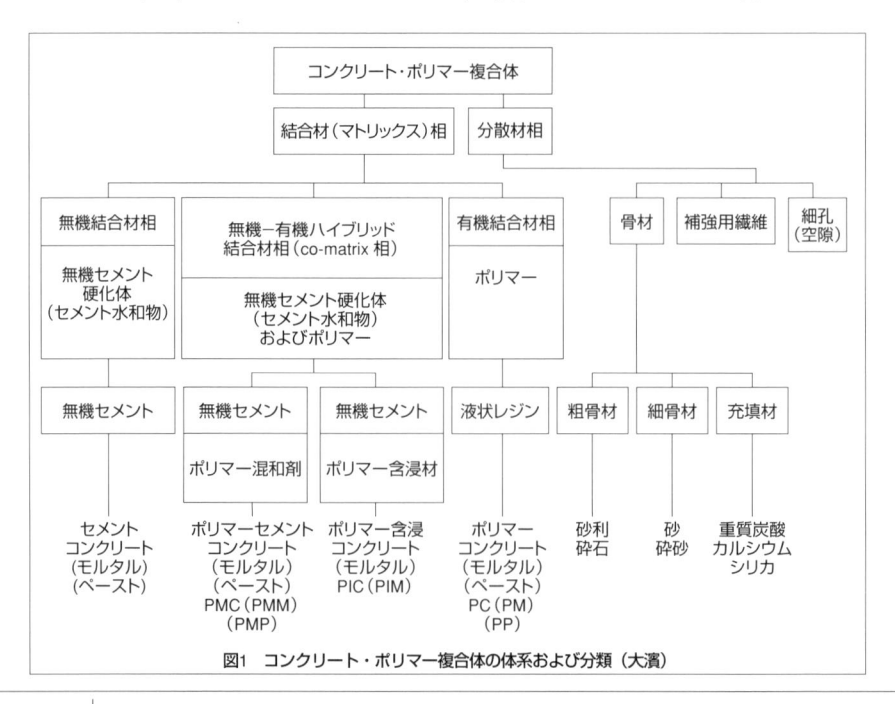

図1　コンクリート・ポリマー複合体の体系および分類（大濱）

コンクリート (polymer concrete, 略称: PC) およびポリマー含浸コンクリート (polymer-impregnated concrete, 略称: PIC) の3種類に大別される。

図1には、コンクリート・ポリマー複合体の体系および分類を示す[1]。ここで、コンクリートという用語は、広義にはモルタルおよびペーストを含み、また、狭義には粗骨材を用いるものだけを対象としている。

ポリマーセメントコンクリート（モルタル）とは

ポリマーセメントコンクリートおよびモルタルは、セメントコンクリートおよびモルタルの結合材の一部をポリマーで代替したもので、セメントコンクリートおよびモルタルに、ポリマー混和剤 (polymeric admixture, セメント混和用ポリマー: polymeric modifierとも呼ぶ) を混和してつくられる。この場合、通常の化学混和剤よりもかなり多量［一般的には、セメントに対して5%以上（質量分率）］のポリマーが混和される。ポリマーセメントコンクリートおよびモルタルの硬化においては、セメントの水和とポリマーフィルムの形成が同時に進行し、ポリマーの網状構造を含む一体化した結合材相、すなわち、"co-matrix" 相が形成される。図2には、"co-matrix" 相の形成過程モデルを示す[2]。

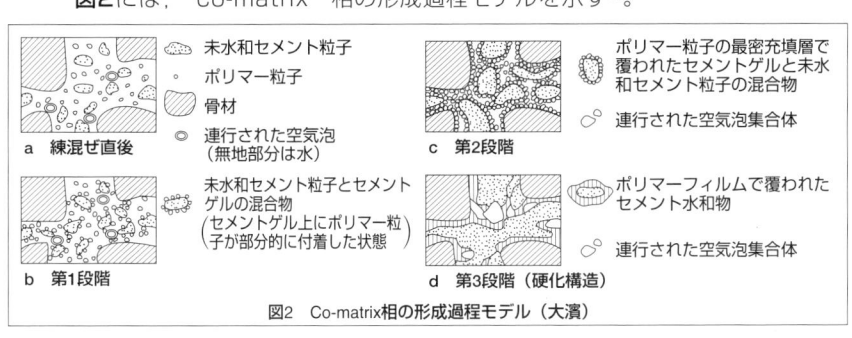

図2 Co-matrix相の形成過程モデル（大濱）

ポリマーコンクリート（モルタル）とは

ポリマーコンクリートおよびモルタルは、セメントコンクリートおよびモルタルの結合材の全部をポリマーで代替したもので、ポリマー結合材 (polymeric binder, 液体レジンが硬化してポリマーとなったもの) となる液状レジン (liquid resin) を用い、骨材を結合してつくられる。わが国では、従来からレジンコンクリートおよびモルタルと呼ばれることが多いが、国際的に統一された用語であるポリマーコンクリートおよびモルタルと称することが望ましい。ポリマーコンクリートおよびモルタルでは、それらの結合材相がポリマーだけから形成されるので、ポリマーの長所と短

所が同時に付与されることになる。特殊な用途を除いて，一般には，十分な量のポリマー結合材によって，連続した結合材相が形成されるときに，優れた性質をもつポリマーコンクリートおよびモルタルをつくることができる。ポルトランドセメントと比較すれば，ポリマー結合材の形成に用いる液状レジンの価格は相当に高いので，最密充填状態の骨材を用い，それを連続した結合材相中に分散させるのに必要な液状レジンの量を見いだすことが，ポリマーコンクリートおよびモルタルの調合設計上，重要となる。セメントコンクリートおよびモルタルの場合と異なり，ポリマー結合材と骨材間の接着強度は極めて大きいので，ポリマーコンクリートおよびモルタルの強度は，骨材の強度に支配されることになる。

ポリマー含浸コンクリート（モルタル）とは

　ポリマー含浸コンクリートおよびモルタルは，セメントコンクリートおよびモルタルの結合材，骨材および両者間にある間隙を，ポリマーで完全または不完全（全体的または部分的）に充填して強化したもので，基材（被含浸材）となる硬化セメントコンクリートおよびモルタル中に，モノマー，プレポリマー，ポリマーなどから成るポリマー含浸材（polymeric impregnant）を含浸させた後，重合などの操作を経て，セメントコンクリートおよびモルタルとポリマーを一体化してつくられる。

　浸透性吸水防止材および浸透性固化材を，現場でセメントコンクリートおよびモルタル下地に塗布して含浸する工法でも，ポリマー含浸コンクリートおよびモルタルをつくることができる。浸透性吸水防止材とは，塗布によって下地に浸透し，その表層部に防水層を形成して，外部からの水の浸入や塩化物イオンの浸透を抑制防止する材料をいう。浸透性吸水防止材は，塗布含浸材または表面含浸材と呼ぶこともある。

　浸透性固化材とは，塗布によって，風化，脆弱化した下地に浸透し，これを一体化して脆弱部の強度を改善する性能を有する材料をいう。これは，下地に塗布すると，深く浸透し，その強い接着力でセメント硬化体や骨材を結合することによって下地を強化し，さらに，各種の仕上材との良好な接着性を与える効果がある。

ポリマーセメントコンクリート（モルタル）

使用材料

　　ポリマーセメントコンクリートおよびモルタル［略称：PMC（PMM）またはPCC（PCM）］に用いる材料には，セメント，骨材，ポリマー混和剤などがある。セメントおよび骨材には，セメントコンクリートおよびモ

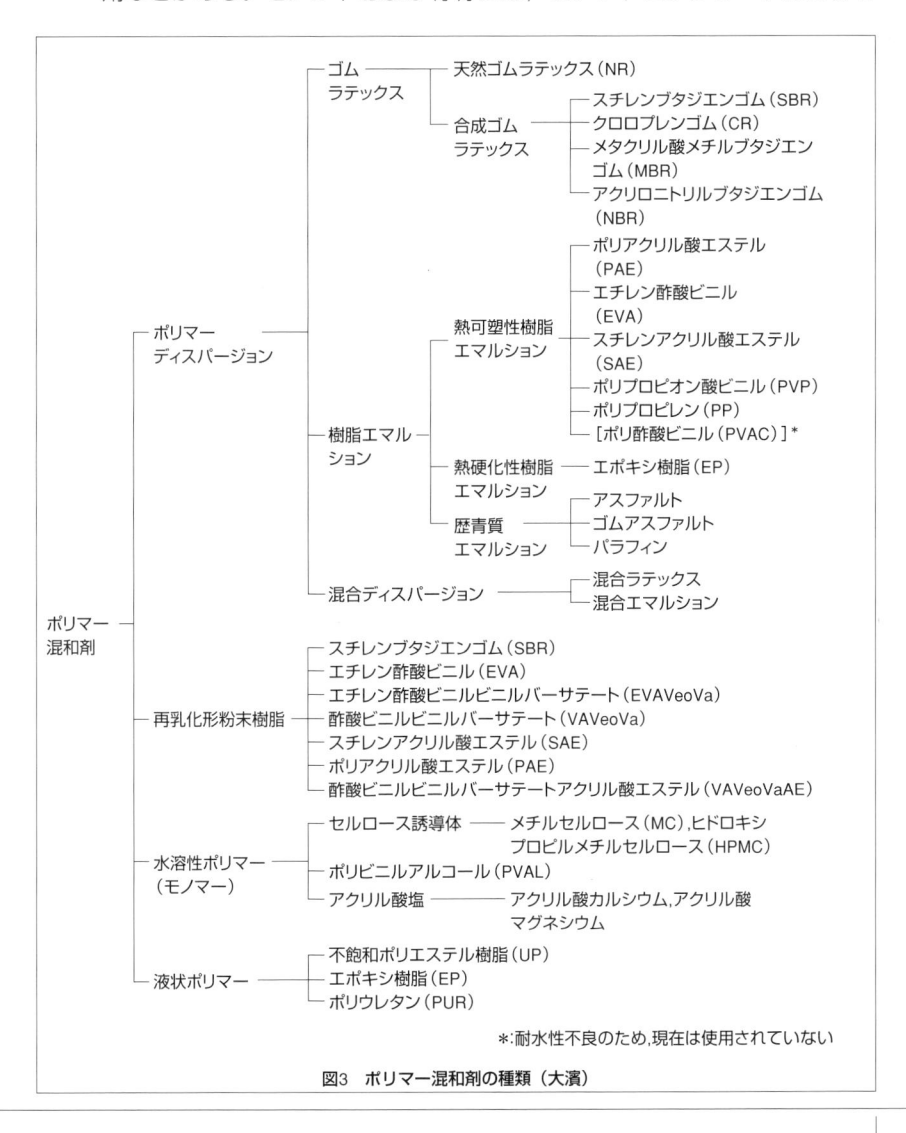

```
ポリマー混和剤
├─ ポリマーディスパージョン
│    ├─ ゴムラテックス
│    │    ├─ 天然ゴムラテックス（NR）
│    │    └─ 合成ゴムラテックス
│    │         ├─ スチレンブタジエンゴム（SBR）
│    │         ├─ クロロプレンゴム（CR）
│    │         ├─ メタクリル酸メチルブタジエンゴム（MBR）
│    │         └─ アクリロニトリルブタジエンゴム（NBR）
│    ├─ 樹脂エマルション
│    │    ├─ 熱可塑性樹脂エマルション
│    │    │    ├─ ポリアクリル酸エステル（PAE）
│    │    │    ├─ エチレン酢酸ビニル（EVA）
│    │    │    ├─ スチレンアクリル酸エステル（SAE）
│    │    │    ├─ ポリプロピオン酸ビニル（PVP）
│    │    │    ├─ ポリプロピレン（PP）
│    │    │    └─ ［ポリ酢酸ビニル（PVAC）］*
│    │    ├─ 熱硬化性樹脂エマルション
│    │    │    └─ エポキシ樹脂（EP）
│    │    └─ 瀝青質エマルション
│    │         ├─ アスファルト
│    │         ├─ ゴムアスファルト
│    │         └─ パラフィン
│    └─ 混合ディスパージョン
│         ├─ 混合ラテックス
│         └─ 混合エマルション
├─ 再乳化形粉末樹脂
│    ├─ スチレンブタジエンゴム（SBR）
│    ├─ エチレン酢酸ビニル（EVA）
│    ├─ エチレン酢酸ビニルビニルバーサテート（EVAVeoVa）
│    ├─ 酢酸ビニルビニルバーサテート（VAVeoVa）
│    ├─ スチレンアクリル酸エステル（SAE）
│    ├─ ポリアクリル酸エステル（PAE）
│    └─ 酢酸ビニルビニルバーサテートアクリル酸エステル（VAVeoVaAE）
├─ 水溶性ポリマー（モノマー）
│    ├─ セルロース誘導体 ── メチルセルロース（MC），ヒドロキシプロピルメチルセルロース（HPMC）
│    ├─ ポリビニルアルコール（PVAL）
│    └─ アクリル酸塩 ── アクリル酸カルシウム，アクリル酸マグネシウム
└─ 液状ポリマー
     ├─ 不飽和ポリエステル樹脂（UP）
     ├─ エポキシ樹脂（EP）
     └─ ポリウレタン（PUR）
```

＊：耐水性不良のため，現在は使用されていない

図3　ポリマー混和剤の種類（大濱）

ルタルと同様のものが用いられる。すなわち，セメントとしては，各種のポルトランドセメントや混合セメントなどである。骨材としては，川砂利，川砂，砕石，砕砂，けい砂，人工軽量骨材などである。ただし，含水率の大きい骨材を用いると，所要量のポリマーの混和が不可能となるので，注意が必要である。現在，ポリマー混和剤には，**図3**に示すように[3]ポリマーディスパージョン〔polymer dispersion：ラテックス（latex）とエマルション（emulsion）とがある〕，再乳化形粉末樹脂（redispersible-polymer powder），水溶性ポリマー（water-soluble polymer）および液状ポリマー（liquid polymer）の4種類がある。この中で，ポリマーディスパージョンであるスチレンブタジエンゴム（SBR）ラテックス，エチレン酢酸ビニル（EVA）およびポリアクリル酸エステル（PAE）エマルションが最もよく使用されている。ポリマーディスパージョンとは，水の中にポリマーの微粒子（粒径0.05～5μm）が均一に分散し，浮遊している状態の材料で，わが国では，通常，微粒子がゴムの場合をラテックス，樹脂の場合をエマルションと呼ぶ。しかしながら，アメリカでは，両者を合わせて，ポリマーディスパージョン自体をラテックスと称する。

　再乳化形粉末樹脂は，合成樹脂エマルション（または合成ゴムラテックス）を噴霧乾燥して製造されたもので，水を加えると再乳化してエマルション（ラテックス）となる。

　最近では，再乳化形粉末樹脂についても，その品質が向上し，コンクリートおよびモルタル中でも連続したポリマーフィルムが形成されるようになったため，その需要も年々増加している。特に，施工現場のゼロエミッション化の傾向に伴い，再乳化形粉末樹脂は，仕上塗材，下地調整塗材，タイル用接着材などの既配合一材型製品の原材料として広く用いられている。なお，ポリマー混和剤の品質について，JIS A 6203：2000（セメント混和用ポリマーディスパージョン及び再乳化形粉末樹脂）に規格化されている。その品質規定値を**表1**に示す。

表1-1　セメント混和用ポリマーディスパージョンのJIS A 6203による品質規定値

試験の種類	試験項目	規定値
ポリマーディスパージョンの試験	外観	粗粒子，異物，凝固物などがあってはならない
	不揮発分	35.0％以上
ポリマーセメントモルタルの試験（ポリマーセメント比：10％）	曲げ強さ	8.0N/mm²以上
	圧縮強さ	24.0N/mm²以上
	接着強さ	1.0N/mm²以上
	吸水率	10.0％以下
	透水量	15g以下
	長さ変化率	0～0.150％

表1-2　セメント混和用再乳化形粉末樹脂のJIS A 6203による品質規定値

試験の種類	試験項目	規定値
再乳化形粉末樹脂の試験	外観	粗粒子，異物，凝固物などがあってはならない
	揮発分	5.0％以下
ポリマーセメントモルタルの試験（ポリマーセメント比：10％）	曲げ強さ	8.0N/mm²以上
	圧縮強さ	24.0N/mm²以上
	接着強さ	1.0N/mm²以上
	吸水率	10.0％以下
	透水量	15g以下
	長さ変化率	0～0.150％

その他の材料としては，ポリマーセメントモルタルの力学的性質の向上や乾燥収縮を低減させるために，各種の短繊維や連続繊維が用いられる。また，ポリマーセメントコンクリートの補強には，セメントコンクリート用鉄筋が使える。

使い方──製造・施工法

ポリマーセメントコンクリートおよびモルタルの製造は，従来のセメントコンクリートおよびモルタルとほぼ同様に行われる。ワーカビリティーと圧縮強度に注目して調合設計を行うセメントコンクリートおよびモルタ

表2 スランプ18cm一定としたときのポリマーセメントコンクリートの調合例（大濱）

ポリマーセメントコンクリートの種類	ポリマーセメント比 (%)	水セメント比 (%)	細骨材率 (%)	単位水量 (kg/m³)	質量調合 (kg/m³)			
					セメント	砂	砂利	ポリマー
未混入	0	60.0	47.4	190	316	861	957	0
SBR混入	5	53.3	40.0	160	300	734	1 104	15
	10	48.3	40.0	145	300	734	1 105	30
	15	44.3	40.0	133	300	730	1 099	45
	20	40.3	40.0	121	300	724	1 096	60
PAE-1混入	5	43.0	40.0	129	300	766	1 154	15
	10	33.6	40.0	101	300	748	1 127	30
	15	31.3	40.0	94	300	771	1 161	45
	20	30.0	40.0	90	300	758	1 146	60
PAE-2混入	5	59.0	40.0	177	300	716	1 078	15
	10	52.4	40.0	157	300	721	1 085	30
	15	43.0	40.0	129	300	735	1 106	45
	20	37.4	40.0	112	300	735	1 111	60

表3 用途別ポリマーセメントモルタルの標準調合（大濱）

用途		標準調合		塗厚 (mm)
		セメント：細骨材比（質量比）	ポリマーセメント比 (%)	
床材（舗装材）		1：3.0	10〜20	5〜10
左官材	下塗	1：2.0〜2.5	5〜20	1〜2
	中塗	1：2.5〜3.0	5〜20	5〜10
	上塗	1：2.5〜3.0	5〜20	5〜10
接着材	一般タイル用	1：1.0〜2.5	5〜20	─
	モザイクタイル用	1：0〜2.0	5〜20	─
	ユニットタイル用	1：0.5〜1.0	5〜20	─
	コンクリート打継ぎ用	1：0〜2.0	5〜20	─
	一般用	1：0〜3.0	5〜20	─
防水材	下塗	1：0〜1.5	10〜30	5〜10
	上塗	1：2.0〜2.5	10〜30	5〜10
防食材	下塗	1：0〜1.0	10〜30	5〜10
	上塗	1：2.0〜2.5	10〜30	5〜10
デッキカバーリング材	下塗	1：2.0〜3.0	20〜30	1〜2
	中塗	1：3.0	20〜25	5〜6
	上塗	1：3.0	20〜25	3〜4

ルと比較して，ポリマーセメントコンクリートおよびモルタルでは，これら以外の性質，すなわち引張強度・曲げ強度・伸び能力・接着性・防水性（水密性）・耐薬品性・耐摩耗性・耐衝撃性なども考慮して調合設計が行われる。ポリマーセメントコンクリートおよびモルタルの性質は，水セメント比（W/C）よりもポリマーセメント比（P/C）によって支配されるので，用途に応じて適当なポリマーセメント比を選択する必要がある。なお，ポリマーセメント比とは，セメントに対するポリマーディスパージョンまたは再乳化形粉末樹脂の全固形分の質量比で表す。一般に，ポリマーセメント比は5〜30%の範囲である。水セメント比は30〜60%の範囲とし，要求されるワーカビリティーに応じて，できるだけ小さく定めることが望ましい。**表2**および**表3**には，わが国におけるポリマーセメントコンクリートの調合例[4]とポリマーセメントモルタルの標準調合[5]を，また，**表4**にはAmerican Concrete Institute（ACI）で推奨されているポリマーセメントコンクリートおよびモルタルの標準調合[6]を示す。

　ポリマーセメントコンクリートおよびモルタルの施工は，セメントコンクリートモルタルの場合と同様のミキサや施工用具を用いて行われる。練混ぜ後は，1h（時間）以内に打込みまたは塗装し，初期に湿潤養生してセメントの水和を進めた後，乾燥養生してポリマーフィルムの形成を促すことが望まれる。ポリマーセメントコンクリートおよびモルタルは，接着性に優れるため，型枠のためのはく離剤には，シリコーンワックスやグリースが推奨され，ミキサや施工用具も使用直後の清掃が必要になる。

性 質

　ポリマーセメントコンクリートおよびモルタルは，前述したように，無機─有機ハイブリッド結合材（co-matrix）相をもつことが大きな特徴であり，それらの性質は無機─有機ハイブリッド結合材相の性質に依存するため，水セメント比よりもポリマーセメント比によって大きく支配される。一般に，セメントコンクリートおよびモルタルの性質は，ポリマーの混和によって著しく改善される。

　以下に，セメントコンクリートおよびモルタルと比較して，ポリマーセ

表4　ポリマーセメントコンクリートおよびモルタルの標準調合（ACI）

1）橋床版用ポリマーセメントコンクリート	
単位セメント量	415kg/m³
細骨材率	55〜65%
ポリマーセメント比	11%
水セメント比	25〜40%
空気量	6.5%以下

2）汎用ポリマーセメントモルタル	
セメント：細骨材比	1：1.5〜4.5（質量比）
ポリマーセメント比	10〜20%
消泡剤添加率	2〜10%
水セメント比	25〜40%

メントコンクリートおよびモルタルのフレッシュなときおよび硬化したときの性質を述べる。

フレッシュなときの性質

①主に，ポリマー粒子のボールベアリング作用と界面活性剤の分散効果のため，ワーカビリティーが良好で，前述の**表2**からもわかるように，所定のコンシステンシー（スランプやフロー）を得るのに要する水セメント比が，ポリマーセメント比の増加に伴って低減できる。このことは，高強度の発現と乾燥収縮の低減にも寄与する。

②適度の空気連行性がある。これは，コンシステンシーの向上と耐凍害性の改善にとってよい効果を与える。

③保水性（内部に長時間水分を保持し続ける能力）が向上する。このことは，長期強度の発現やドライアウト（水硬性材料の塗装において，硬化

表5　ポリマーセメントコンクリートの強度（大濱）

ポリマーセメントコンクリートの種類	ポリマーセメント比（%）	水セメント比（%）	相対強度 圧縮	曲げ	直接引張	せん断
未混入	0	60.0	100	100	100	100
SBR混入	5	53.3	123	118	126	131
	10	48.3	134	129	154	144
	15	44.3	150	153	212	146
	20	40.3	146	178	236	149
PAE-1混入	5	43.0	159	127	150	111
	10	33.6	179	146	158	116
	15	31.3	157	143	192	126
	20	30.0	140	192	184	139
PAE-2混入	5	59.0	111	106	128	103
	10	52.4	112	116	139	116
	15	43.0	137	167	219	118
	20	37.4	138	214	238	169

表6　ポリマーセメントモルタルの物理的性質（大濱）

ポリマーセメントモルタルの種類	ポリマーセメント比（%）	強度（N/mm^2） 圧縮	曲げ	接着強度（曲げ接着）（N/mm^2）	吸水率（%）	乾燥収縮（×10^{-4}）
未混入	0	3.0～5.0	18.0～20.0	1.0～2.0	10～15	10～15
NR混入	10	4.6～6.0	15.0～17.0	1.5～2.5	10～15	14～16
	20	2.0～3.0	4.0～5.0	2.5～3.0	10～15	18～20
CR混入	10	5.0～6.0	18.0～19.0	1.5～2.5	10～15	13～15
	20	9.0～10.0	31.0～34.0	2.5～3.0	5～7	7～9
SBR混入	10	6.0～10.0	15.0～29.0	2.5～7.0	4～10	8～17
	20	7.0～12.0	17.0～32.0	2.0～7.0	2～5	5～17
PAE混入	10	6.0～8.0	16.0～18.0	4.5～8.0	4～10	8～11
	20	6.0～9.0	14.0～20.0	7.0～8.0	4～7	6～10
EVA混入	10	6.0～9.0	18.0～29.0	1.5～6.5	6～13	9～12
	20	6.0～10.0	19.0～32.0	3.0～7.0	3～13	8～16

し，強度を発現する前に，その水分が下地に急激に吸収されて乾燥すること）の防止に寄与する。
④ブリーディングや材料分離に対する抵抗性が優れる。
⑤若干，硬化が遅れる場合がある。しかし，実用上差し支えるほどではない。

硬化したときの性質

①**表5**および**表6**に示すように[7)8)]，一般に，ポリマーセメント比の増加に伴って，強度が増大し，特に，内在する引張強度や伸び能力の大きいポリマーフィルムのために，引張および曲げ強度の発現が著しく，また，伸び能力も増大する。**図4**に示すように[9)]，長期の水中養生を行わなくても，強

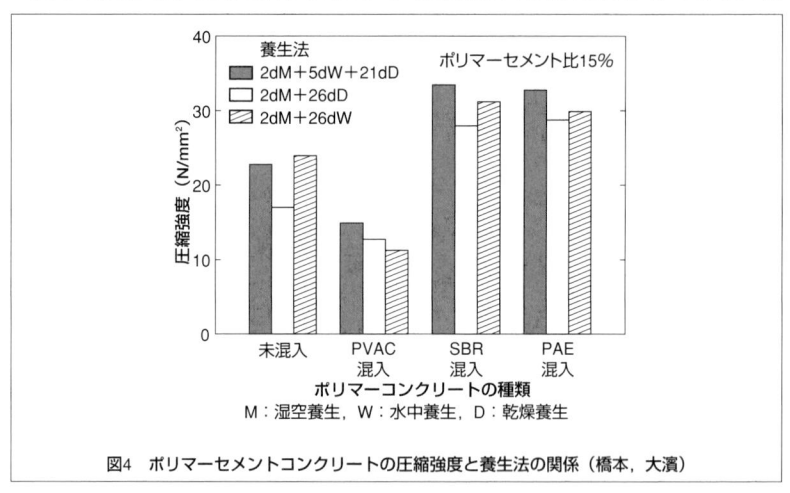

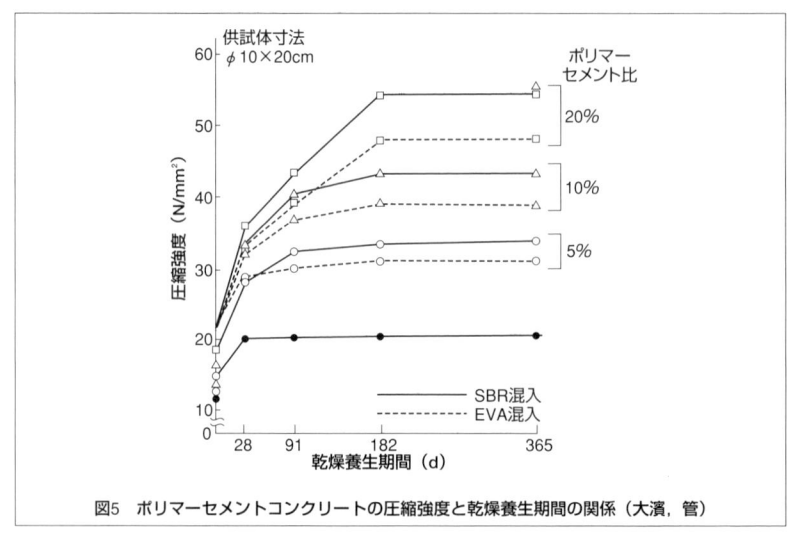

図4 ポリマーセメントコンクリートの圧縮強度と養生法の関係（橋本，大濱）

図5 ポリマーセメントコンクリートの圧縮強度と乾燥養生期間の関係（大濱，管）

度発現が優れる。**図5**に示すように、さらに、養生中も保水性が良好なため、長時間にわたってセメントの水和が進行し、長期強度の増進が著しい[10]。大濱は、セメントコンクリートに関するTalbotの空隙説を拡張して、結合材-空隙比(α)または空隙-結合材比(β)を、$\alpha = 1/\beta = (V_c+V_p)/(V_a+V_w)$(ここに、$V_c, V_p, V_a$および$V_w$は、それぞれポリマーセメントコンクリートまたはモルタルの単位体積当たりのセメント、ポリマー、空気および水の体積とする)のように定義して、これを用いる強度則を次式のように提案している[11]。

$\sigma_c = a\alpha + b$(コンクリート用)

$\log \sigma_c = A/B^\beta + C$ または $\sigma_c = A/B^\beta + C$(モルタル用)

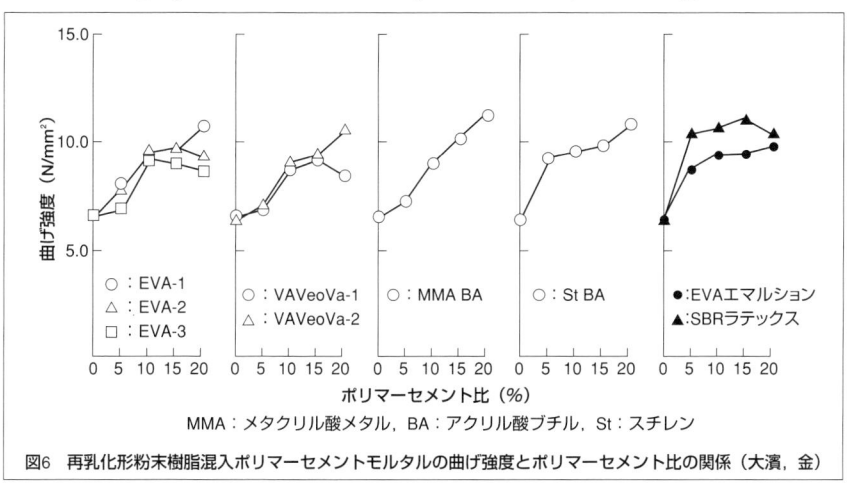

図6 再乳化形粉末樹脂混入ポリマーセメントモルタルの曲げ強度とポリマーセメント比の関係(大濱,金)

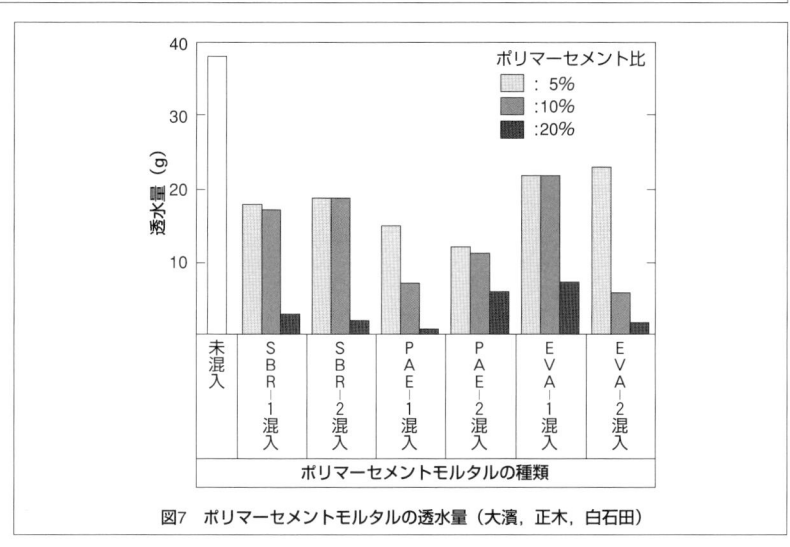

図7 ポリマーセメントモルタルの透水量(大濱,正木,白石田)

表7 ポリマーセメントコンクリートおよびモルタルの見掛け塩化物イオン拡散係数（大濱，出村，三宅）

ポリマーセメント コンクリートの 種類	ポリマー セメント比 (%)	見掛け塩化物 イオン拡散係数 (cm²/s)	ポリマーセメント モルタルの 種類	ポリマー セメント比 (%)	見掛け塩化物 イオン拡散係数 (cm²/s)
未混入	0	2.2×10^{-8}	未混入	0	6.4×10^{-8}
SBR混入	10	1.9×10^{-8}	SBR混入	10	6.4×10^{-8}
	20	9.3×10^{-9}		20	3.9×10^{-8}
EVA混入	10	7.9×10^{-9}	EVA混入	10	4.4×10^{-8}
	20	1.0×10^{-8}		20	2.4×10^{-8}
PAE混入	10	6.2×10^{-9}	PAE混入	10	3.8×10^{-8}
	20	5.8×10^{-9}		20	4.4×10^{-8}

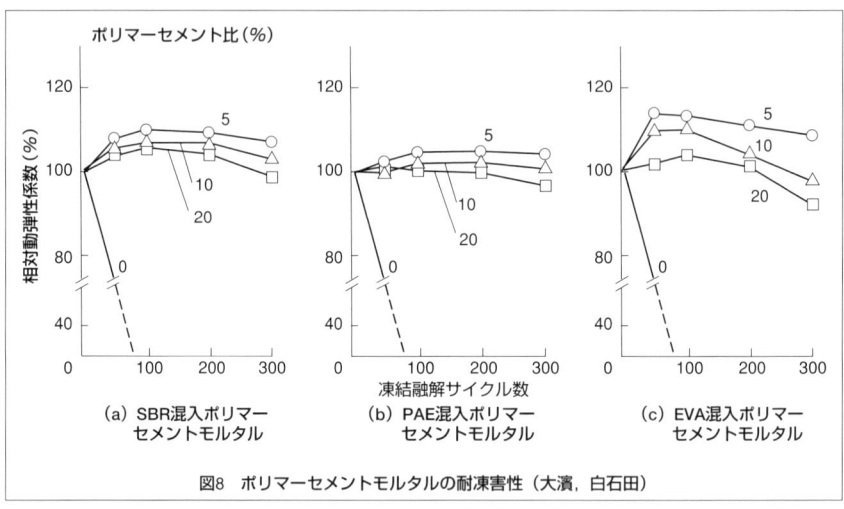

図8 ポリマーセメントモルタルの耐凍害性（大濱，白石田）

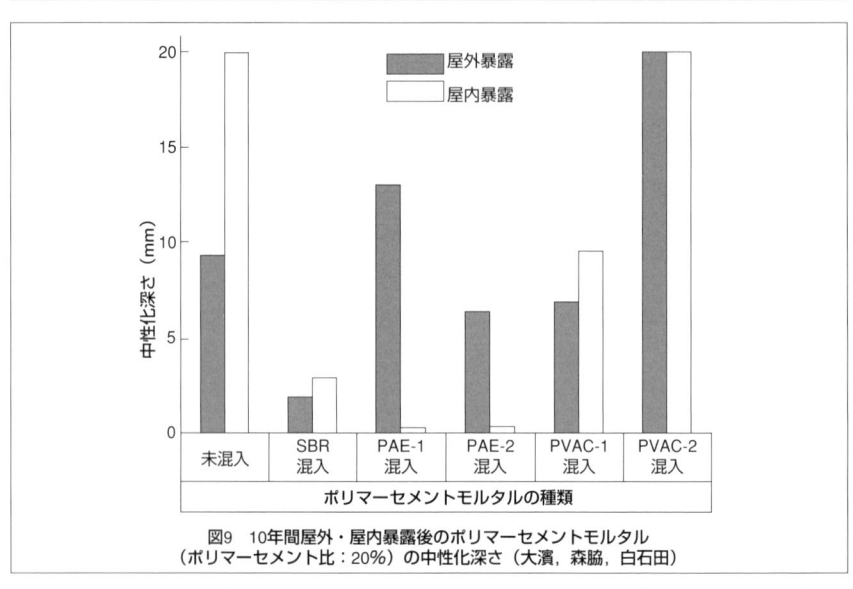

(a) SBR混入ポリマーセメントモルタル
(b) PAE混入ポリマーセメントモルタル
(c) EVA混入ポリマーセメントモルタル

図9 10年間屋外・屋内暴露後のポリマーセメントモルタル（ポリマーセメント比：20%）の中性化深さ（大濱，森脇，白石田）

ここに，σ_cは圧縮強度，a，b，A，BおよびCは実験定数である。

図6には，最近，普及してきた再乳化形粉末樹脂混入ポリマーセメントモルタルの曲げ強度とポリマーセメント比の関係を示す。ポリマーセメント比の増加に伴う曲げ強度の発現傾向は，ポリマーディスパージョン混入ポリマーセメントモルタルのそれと比べて遜色のないことがわかる[12]。

② ポリマーフィルムの形成による水密・気密性の組織構造となるため，**表6**および**図7**に示すように[13]，吸水および透水に対する抵抗性と**図8**に示すように[14]，耐凍害性が向上する。特に，優れた耐凍害性は，高い水密性だけでなく，適度の空気連行によるものと考えられる。また，**図9**および**表7**にみられるように[15], [16]，大気中の二酸化炭素による中性化に対する抵抗性と塩化物イオン浸透に対する抵抗性も優れ，鉄筋の防食上からも有利である。

③ ポリマーがもつ高い接着性に起因して，セメントコンクリートやモルタルはもちろんのこと，タイル，石材，鋼材などの各種の材料によく接着

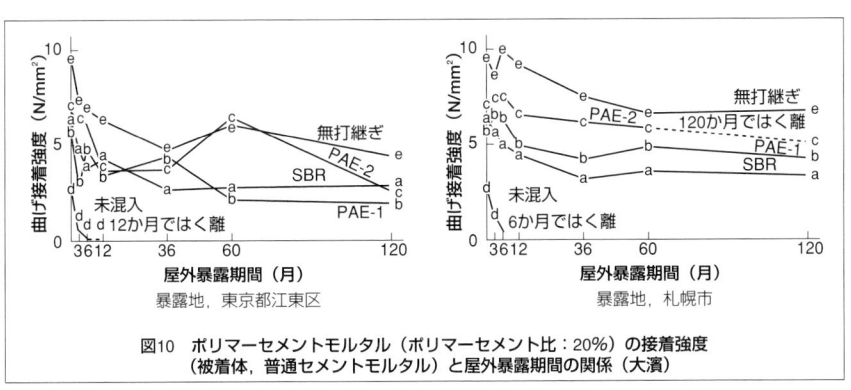

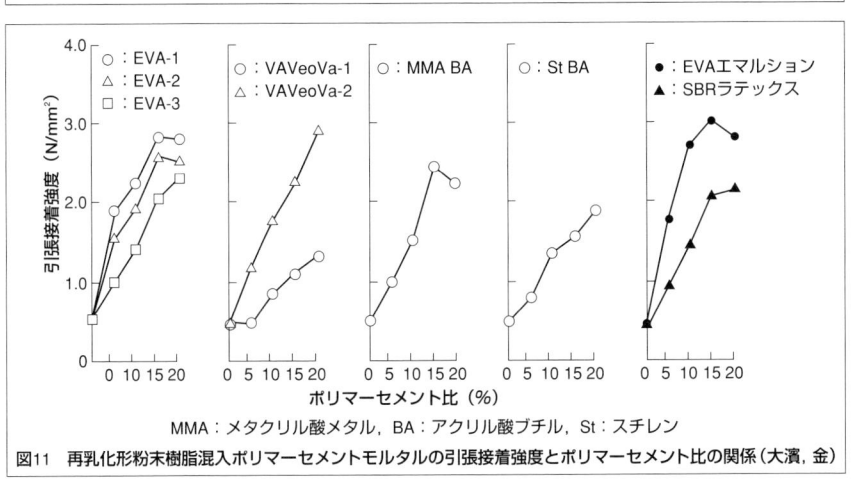

図10 ポリマーセメントモルタル（ポリマーセメント比：20％）の接着強度（被着体，普通セメントモルタル）と屋外暴露期間の関係（大濱）

図11 再乳化形粉末樹脂混入ポリマーセメントモルタルの引張接着強度とポリマーセメント比の関係（大濱，金）

MMA：メタクリル酸メタル，BA：アクリル酸ブチル，St：スチレン

する。**図10**には，ポリマーセメントモルタルの普通セメントモルタルに対する接着強度と屋外暴露期間の関係を示す[17]。普通セメントモルタルは，暴露期間1年以内に接着性を失うのに対して，ポリマーセメントモルタルは，暴露期間10年おいても実用上差し支えない接着強度を維持する。**図11**には，再乳化形粉末樹脂混入ポリマーセメントモルタルの普通セメントモルタルに対する引張接着強度とポリマーセメント比の関係を示す[12]。ポリマーセメント比の増加に伴う接着強度の増加傾向は，ポリマーディスパージョン混入ポリマーセメントモルタルのそれと同等である。

④減水効果（所定のコンシステンシーをもつコンクリートやモルタルをつくるのに必要な単位水量を減少させる効果），長期間にわたる良好な保水性に基づく強度の増進などの複合効果として，**表6**および**図12**に示すように[18]，乾燥収縮やクリープが低減される場合が多い。特に，ポリマーセメントコンクリートのクリープは以外に小さい。

⑤耐衝撃性および耐摩耗性が優秀であり，ポリマーセメント比の増加に伴って向上する。

⑥形成される水密性組織とポリマーフィルムの耐薬品性のため，**表8**に示

表8 ポリマーセメントモルタルの耐薬品性（大濱）

ポリマーセメントモルタルの種類	薬品の種類				
	酸	アルカリ	塩	溶剤	油脂・鉱油
未混入	1	8～10	1～7	5～7	7～10
SBR混入	1～2	10	5～10	2～3	8～10
NBR混入	1～2	10	5～10	10	10
PAE混入	1～2	10	5～10	2～3	7～9
EVA混入	1～2	8～10	5～10	5～7	8～10
PVAC混入	1～2	3～4	3～7	5～7	8～10

（10点法による概念的評価）

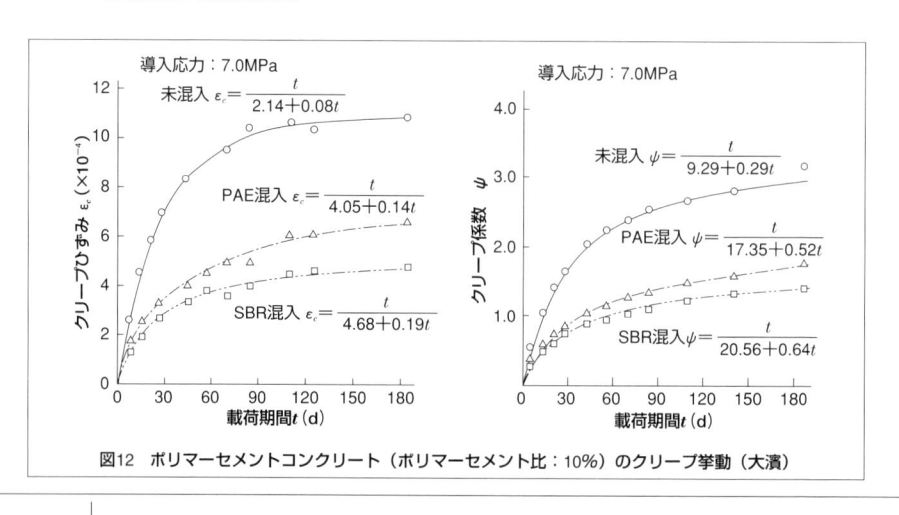

図12 ポリマーセメントコンクリート（ポリマーセメント比：10％）のクリープ挙動（大濱）

導入応力：7.0MPa

未混入 $\varepsilon_c = \dfrac{t}{2.14+0.08t}$

PAE混入 $\varepsilon_c = \dfrac{t}{4.05+0.14t}$

SBR混入 $\varepsilon_c = \dfrac{t}{4.68+0.19t}$

導入応力：7.0MPa

未混入 $\psi = \dfrac{t}{9.29+0.29t}$

PAE混入 $\psi = \dfrac{t}{17.35+0.52t}$

SBR混入 $\psi = \dfrac{t}{20.56+0.64t}$

すように[19]，弱酸，アルカリ，塩類，ポリマーの種類を選べば，油類に対する化学抵抗性が改善される。結合材成分として，セメント水和物を含むため，普通セメントコンクリートおよびモルタルと同様に，強酸や硫酸塩などに対する抵抗性は乏しい。

⑦ポリマーの種類とポリマーセメント比を選択すれば，良好な防火性能を与える。**表9**には，コーンカロリーメーター試験の結果に基づいて行った建築基準法によるポリマーセメントモルタルの防火性能の評価を示す[20]。この表によれば，一般に，ポリマーセメント比の増加に伴って，ポリマーセメントモルタルの防火性能は不良となるが，ポリマーセメント比10％までは，いずれのポリマーセメントモルタルも「不燃材料」に区分される。ポリマーセメント比が15％以上になると，その防火性能は，ポリマーの種類に依存する。ポリマーセメント比15％では，EVAおよび

表9　ポリマーセメントモルタルの建築基準法による防火性能の評価（国分，大濱）

ポリマーセメントモルタルの種類	ポリマーセメント比（％）	防火材料としての区分
未混入	0	不燃材料
SBR混入	5	不燃材料
	10	不燃材料
	15	難燃材料
	20	難燃材料
EVA混入	5	不燃材料
	10	不燃材料
	15	不燃材料
	20	防火材料として区分できない
PAE混入	5	不燃材料
	10	不燃材料
	15	不燃材料
	20	難燃材料

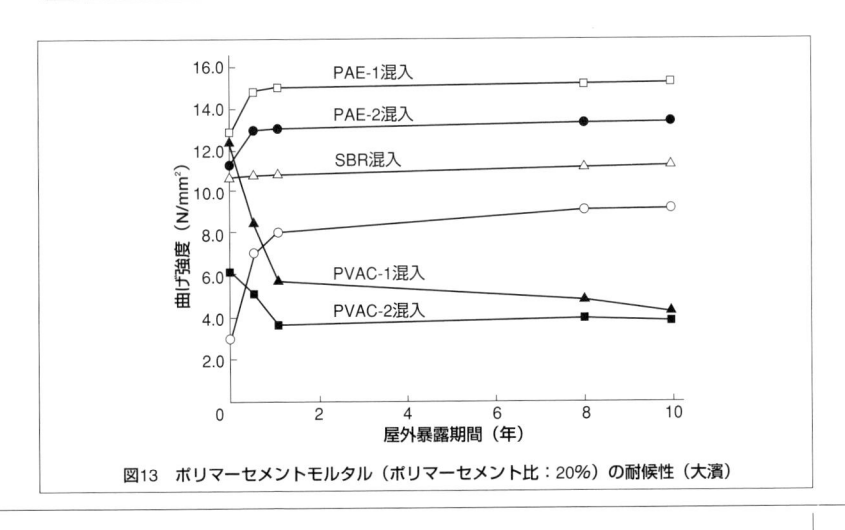

図13　ポリマーセメントモルタル（ポリマーセメント比：20％）の耐候性（大濱）

PAE混入ポリマーセメントモルタルは「不燃材料」に，また，SBR混入ポリマーセメントモルタルは「難燃材料」に区分される。ポリマーセメント比20％では，いずれのポリマーセメントモルタルも「不燃材料」には区分できない。ポリマーを含むため，使用限界温度は約150℃である。
⑧図13に示すように，結合材成分としてポリマーを含むとはいえ，予想以上に良好な耐候性を与える[15]。ポリマーセメントコンクリートおよびモルタルの使用実績も25～30年以上に達している[21]。

用途

　わが国では，ポリマーセメントモルタルは，表10に示すような用途に広く使われており，ポピュラーな建築材料となっている。近年，鉄筋コンクリート構造物の早期劣化が大きな社会問題となっているため，補修，改修工法用材料としてのポリマーセメントモルタルおよびポリマーセメントペーストの利用がクローズアップされ，その性能とコストのバランスもよく，その需要が増大している。一方，ポリマーセメントコンクリートは，わが国ではほとんど普及していないが，最近では，道路舗装材，防食構造部材などへの利用に関心が高まっている。なお，近年，わが国では，環境配慮型ポリマーセメントコンクリートおよびモルタルの開発に関心が高まっており，光触媒混入ポリマーセメントペーストによる大気浄化舗装システムや，自己修復機能をもつ硬化剤無添加エポキシ樹脂混入ポリマーセメントコンクリートおよびモルタルなどの研究・開発が数多く行われている。

表10　ポリマーセメントモルタルの用途（大濱，白井）

用途	施工場所
化粧仕上材	薄付仕上塗材，複層仕上塗材，厚付仕上塗材，軽量骨材仕上塗材，下地調整塗材など
接着材	コンクリート床や壁体に他の床材，壁材，断熱材などを張り付ける場合の接着材，新旧コンクリートやモルタルの打継ぎ，ひび割れ補修など
床材・舗装材	一般家屋，倉庫，事務所，店舗，工場などの床，通路および階段，プラットホーム，ガレージ，道路空港など
防水材（塗膜防水材および塗布防水材を含む）	コンクリート屋根スラブ，モルタルおよびコンクリートブロック壁体，貯水タンク，プール，し尿消化層，サイロなど
補修材	コンクリート構造物のひび割れおよび層はく離のグラウト，その他の損傷部の断面修復，腐食した鉄筋の防せいコーティングなど
防食材	廃液溝，化学工場床，耐酸タイルの目地材，し尿消化槽，機械据付の基礎，化学実験室床，薬品倉庫床など
デッキカバーリング材	船舶の内外部のデッキ，橋床版，歩道橋の床版，電車・列車の床など
プレキャスト製品	永久型枠など

ポリマーコンクリート（モルタル）

使用材料

　　ポリマーコンクリートおよびモルタル［略称：PC（PM）］に用いる材料には，**図14**に示すような液状レジン[22]，重質炭酸カルシウムやシリカのような充填材，セメントコンクリートおよびモルタルと同様の骨材などがある。わが国では，液状レジンとして，主に，不飽和ポリエステル樹脂，エポキシ樹脂，メタクリル樹脂（代表的なアクリル樹脂），ポリウレタンなどが用いられている。近年の液状レジンの開発動向としては，環境安全性を考慮したエポキシ樹脂，低収縮型不飽和ポリエステル樹脂および低スチレン含有率をもつ不飽和ポリエステル樹脂の開発がある。最近では，ポリマーコンクリートおよびモルタルのワーカビリティー，低温硬化性，耐候性などが優れているメタクリル樹脂が注目されている。液状レジンは，それ自体では硬化しないので，ポリマーコンクリートおよびモルタルの練混ぜ時に，適当な開始剤（または触媒）または硬化剤と促進剤を添加し，可使時間を制御して使用する。水分が液状レジンの硬化を阻害するので，充填材および骨材は，乾燥させて含水率0.5％以下で用いられている。前述したように，ポリマー結合材と骨材間の接着強度が極めて大きく，ポリマーコンクリートおよびモルタルの強度は，骨材の強度に支配されるので，高強度をもつ骨材を用いる必要がある。ポリマーコンクリート用補強材には，高強度をもつPC鋼棒（ここでは，PCはプレストレストコンクリートの意味）および強化プラスチック（FRP）ロッドが使用されている。ポリマーモルタルには，各種の短繊維や連続繊維が補強材として用いられている。

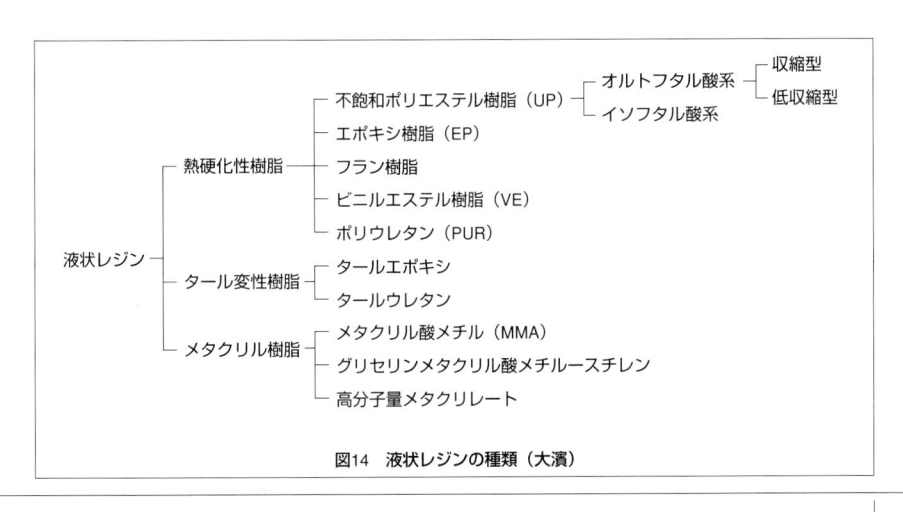

```
液状レジン ─┬─ 熱硬化性樹脂 ─┬─ 不飽和ポリエステル樹脂（UP）─┬─ オルトフタル酸系 ─┬─ 収縮型
            │                  │                                 └─ イソフタル酸系   └─ 低収縮型
            │                  ├─ エポキシ樹脂（EP）
            │                  ├─ フラン樹脂
            │                  ├─ ビニルエステル樹脂（VE）
            │                  └─ ポリウレタン（PUR）
            ├─ タール変性樹脂 ─┬─ タールエポキシ
            │                  └─ タールウレタン
            └─ メタクリル樹脂 ─┬─ メタクリル酸メチル（MMA）
                               ├─ グリセリンメタクリル酸メチル－スチレン
                               └─ 高分子量メタクリレート
```

図14　液状レジンの種類（大濱）

表11　廃棄物のポリマーコンクリート用結合材としての再資源化技術（大濱）

1　廃EPSの利用―減溶剤としてのビニル系モノマー（スチレン，メタクリル酸メチルなど）に廃EPSを溶解したポリマー溶液の製造/ポリエステルコンクリート用収縮低減剤としての利用
2　廃PETの利用―廃PETのケミカルリサイクルによる不飽和ポリエステル樹脂の製造
3　廃プラスチック（廃熱可塑性樹脂）の利用―主に，廃熱可塑性樹脂を加熱・融解した再生プラスチックの製造
　　再生プラスチックを結合材としたポリマーコンクリートの用途
　　①棒・板および杭―JIS K 6931（再生プラスチック製の棒，板及びくい）による品質規定
　　②標識杭―JIS K 6932（再生プラスチック製標識くい）による品質規定
　　③宅地内用雨水ますおよびふた―JIS A 5731（再生プラスチック製宅地内用雨水ます及びふた）による品質規定

表12　廃棄物のポリマーコンクリート用骨材としての再資源化技術（大濱）

1　再生骨材―廃硬化ポリマーコンクリートの塊状および粒状破砕物（←ポリマーコンクリート製品工場）
2　製鋼スラグ骨材―製鋼スラグの塊状および粒状破砕物
3　石炭灰骨材および充填材―造粒法による人工軽量骨材および充填材（←火力発電所）
4　廃ガラス細骨材―廃ガラスの粒状破砕物および焼成発泡体
　　①カレット―廃ガラスの破砕物（←ガラス瓶）
　　②発泡ガラス―カレットの焼成発泡体
5　廃木材骨材―木毛，木片，チップおよび木粉（←建設業，木材工業，林業など）
6　廃プラスチック骨材および充填材―廃プラスチックの塊状，粒状および微粉状破砕物
　　①廃FRP骨材および充填材（←FRP浴槽および漁船）
　　②廃PETチップ（←廃PETボトル）
　　③廃ポリプロピレンおよび廃ポリエチレンチップ（←包装用フィルム）
　　④廃PVCフィルム（←農業用PVCフィルム）
7　廃ゴム骨材―廃タイヤの粒状，微粉状およびチップ状破砕物（←自動車）
8　もみ殻骨材―もみ米のもみすり（←稲作）

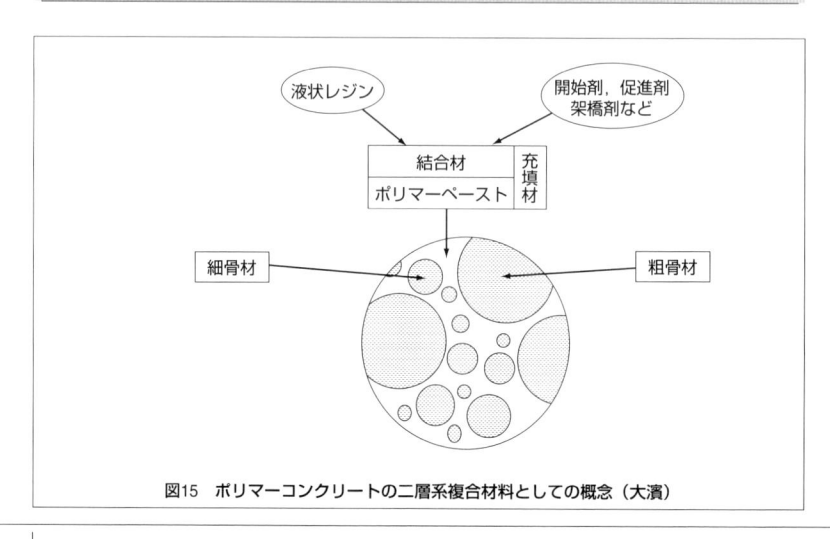

図15　ポリマーコンクリートの二層系複合材料としての概念（大濱）

最近，わが国では，資源循環型社会の構築が強く叫ばれ，各種の産業廃棄物を建築材料として利用する試みが盛んに実施されている。

　このような社会的背景を踏まえて，ポリマーコンクリートを二相系複合材料と考え，その構成成分を「結合材」と「骨材」に分けて，廃棄物のポリマーコンクリート用材料としての再資源化の可能性が検討されている[23]。**図15**には，このような考え方に基づいた，ポリマーコンクリートの二相系複合材料としての概念を示す[24]。**表11**には，廃棄物のポリマーコンクリート用結合材としての再資源化技術，また，**表12**には，廃棄物のポリマーコンクリート用骨材としての再資源化技術の総括を示す[23]。なお，表では，次の略語を用いている。すなわち，FRP：fiber-reinforced plastics（強化プラスチック），PET：polyethylene terephthalate（ポリエチレンテレフタレート），EPS：expanded polystyrene（発泡ポリスチレン），PVC：polyvinyl chloride（ポリ塩化ビニル）。**表11**と**表12**との適当な組合せから，廃棄物の再資源化のための各種ポリマーコンクリートの利用形態を予想することができる。**図16**には，EPSスチレン溶液を用いたポリマーコンクリート製品の代表的な製造工程を示す[23]。

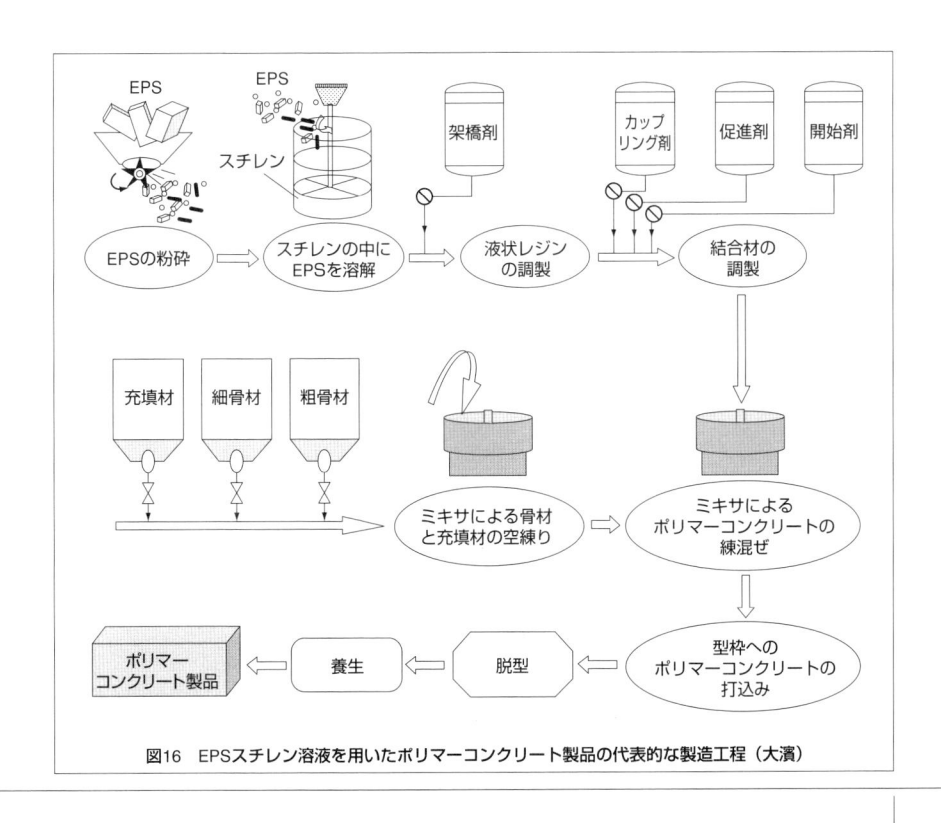

図16　EPSスチレン溶液を用いたポリマーコンクリート製品の代表的な製造工程（大濱）

使い方——製造・施工法

　ポリマーコンクリートおよびモルタルの製造法には，現場施工方式とプレキャスト製品としての工場生産方式の2種類がある。現状では，ポリマーコンクリートは工場生産方式，ポリマーモルタルは現場施工方式が普及している。価格の低減，あるいは強度・耐久性・その他の性質向上のために，液状レジンと骨材との効果的な調合を見いだすことが，ポリマーコンクリートおよびモルタルの製造上，きわめて重要である。

　ポリマーコンクリートおよびモルタルの一般的な調合設計の手順は，次のとおりである。

①連続粒度説または不連続粒度説に基づいて，粒度分布の異なる各種の骨材群を混ぜ合わせて，その空隙率などを測定し，最密充填状態になる骨材組成を見いだす。

②次に，最密充填状態の骨材と液状レジンを練り混ぜて，ポリマーコンクリートおよびモルタルを製造し，ワーカビリティー，材料分離の有無，強度などの基礎的性質から液状レジン量を定めて，最適調合を決定する。

　液状レジンの種類に関係なく，ポリマーコンクリートおよびモルタルの標準調合（質量比）は，ポリマーコンクリートでは，液状レジン：充填材：（細骨材＋粗骨材）＝1：（1〜1.5）：（8〜8.5），ポリマーモルタルでは，液状レジン：充填材：細骨材＝1：（0〜1.5）：（3〜7）である。一般に，液状レジン量は，9〜25％（質量分率）となる。なお，ポリマーコンクリートおよびモルタルのいずれの場合も，用途に応じて，可使時間と硬化時間を定め，開始剤（または触媒）または硬化剤と促進剤の種類と添加剤を選択する必要がある。

　ポリマーコンクリートおよびモルタルの製造および施工は，セメントコンクリートおよびモルタルとほぼ同様のミキサや施工用具を用いて行われる。この場合，練混ぜは，高粘性と早い硬化による不均一混合を避けるために，手練りとせずに，必ず強制練りミキサなどを用いて機械練りとする。練混ぜ後は，可使時間以内に打込みまたは塗装する。打込みまたは塗装後の養生としては，用途に応じて，常温養生，加熱養生または両者の併用方式が採用される。硬化が阻害されるので，養生中は水分の影響を受けないように保護する必要がある。ポリマーセメントコンクリートおよびモルタルは，接着性に優れるため，型枠のための適当なはく離剤の使用が不可欠であり，また，ミキサや施工用具も，使用直後に清掃する必要がある。

　ポリマーコンクリートのプレキャスト製品の製造においては，一般に，次の3種類の成形法のうちのいずれかが適用される。

①型枠にポリマーコンクリートを流し込んで，振動締固めを行う注型成形法
②円筒型枠を回転させながら，ポリマーコンクリートを投入し，遠心力を

図17 ポリエステルモルタルを用いる小断面シールド工法（NTT，大濱による一部修正）

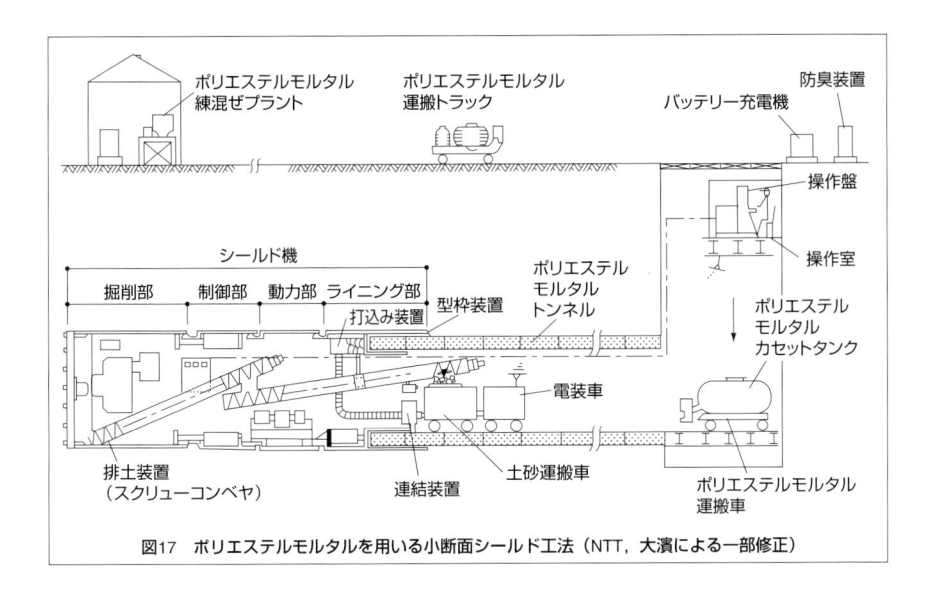

作用させる遠心力成形法
③型枠にポリマーコンクリートを詰めて，加熱しながら加圧するホットプレス成形法

　ポリマーコンクリートおよびモルタルの製造・施工におけるコストダウンを図る目的で，自動成形装置や自動化施工システムが開発されている。ポリマーモルタルの自動化施工システムの注目すべき例として，**図17**に示すような，日本電信電話公社（現NTT）開発のポリエステルモルタルを用いる小断面シールド工法がある[25]。

性　質

　ポリマーコンクリートおよびモルタルは，前述したように，無機セメントをまったく含まず，液状レジンからなる有機結合材相，すなわち，ポリマー結合材をもつことが大きな特徴であり，それらの性質は，ポリマー結合材の種類と性質，ならびに骨材の性質に大きく依存する。以下に，セメントコンクリートおよびモルタルと比較して，ポリマーコンクリートおよびモルタルのフレッシュなときおよび硬化したときの性質を述べる。

フレッシュなときの性質

①低粘度モノマーを含むメタクリル樹脂を除き，液状レジンの高粘性に起因して，ワーカビリティーは著しく不良である。メタクリル樹脂を用いるアクリルコンクリートおよびモルタルのワーカビリティーは，セメントコンクリートおよびモルタルのそれと同程度である。通常，可使時間

は短く，ワーカビリティーが短時間内に変化しやすいので，注意を要する。
② 液状レジンに添加する開始剤または硬化剤と促進剤の種類と添加率を選択することによって，可使時間および硬化時間を広範囲に制御できる。一般に，速硬性であり，型枠を用いる場合，通常は1～3h（時間）で脱型可能である。したがって，プレキャスト製品工場では，型枠の回転を早めることができ，また，寒冷地または冬季の施工に有利である。液状レジンの種類を選べば，アクリルコンクリートのように，－20℃の環境下でも硬化するものもある[26]。
③ 一般に，高粘性の液状レジンを用いているので，ブリーディングや材料分離に対する良好な抵抗性をもつ。しかし，低粘度モノマーを含むアクリルコンクリートおよびモルタルでは，ブリーディングと材料分離に対する配慮が必要となる。
④ 液状レジンの種類にもよるが，セメントコンクリートおよびモルタルの乾燥収縮の約5～10倍（50～60×10^{-4}程度）にも達する，大きな硬化収縮を有する。硬化収縮が大きいので，型枠の設計，補強材や下地との接着などの点で問題となる。そのため，有効な収縮低減剤を混入して使用されることが多い。

硬化したときの性質

① 早期に高強度を発現する。前述したように，低温硬化性に優れるアクリルコンクリートでは，**図18**に示すように[26]，－20℃でも打込み後1h以内に約50N/mm^{2}の圧縮強度を発現する。
② **表13**に示すように[27]，一般に，高強度を有するため，部材断面を小さくできる。**表13**にみられるように，弾性係数は，セメントコンクリートおよびモルタルのそれと同程度か，またはそれよりもやや小さい。

大濱らは，普及度の高いポリエステルコンクリートについて，スチレン－不飽和ポリエステル比［液状レジン中に含まれるスチレン（ST）と不飽和ポリエステル（UP）の質量比，ST／UP］を用いる強度則を見いだ

表13 ポリマーコンクリートの物理的性質（大濱）

性質		ポリマーコンクリートの種類					参考	
		フランコンクリート	ポリエステルコンクリート	エポキシコンクリート	ポリウレタンコンクリート	アクリルコンクリート	アスファルトコンクリート	セメントコンクリート
単位容積質量 (kg/m^3)		2 200～2 400	2 200～2 400	2 100～2 300	2 000～2 100	2 200～2 400	21 00～2 400	2 300～2 400
強度 (N/mm^2)	圧縮	70～90	80～160	80～120	65～72	80～150	2～15	10～60
	引張	5～8	9～14	10～11	8～9	7～10	0.2～1	1～5
	曲げ	20～25	14～35	17～31	20～23	15～22	2～15	2～7
弾性係数 (GPa)		20～30	15～35	15～35	10～20	15～35	1～5	20～40
吸水率 (%)		0.05～0.3	0.05～0.2	0.05～0.2	0.3～1.0	0.05～0.6	1.0～3.0	4.0～6.0

している。この強度則は，次式で表される[28]。

$\sigma = -A(ST/UP) + B$,

または $\sigma = a\log(UP/ST) + b$

ここに，σは圧縮強度，A，B，aおよびbは実験定数である。

③ **表13**，**図19**および**図20**に見られるように[29],[30]，応力－ひずみ関係，強度，弾性係数およびクリープは，常温ではセメントコンクリートおよびモルタルと大差はないが，一般に，50℃以上でそれらの温度依存性は極めて大きい。この傾向は，熱可塑性ポリマーを結合材とするアクリルコンクリートなどにおいて顕著である。いずれのポリマーコンクリートおよびモルタルにおいても，使用限界温度は50℃前後である。

④ ほぼ完全な水密性・気密性の組織構造をもつので，吸水および透水に対する抵抗性と水蒸気，空気，その他の気体の透過に対する抵抗性に優れ，また，内部への水の浸入がないので，**表14**に示すように[31] 耐凍害性も

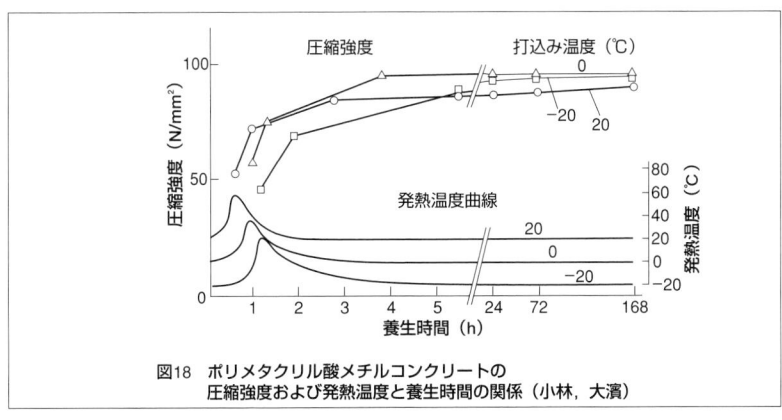

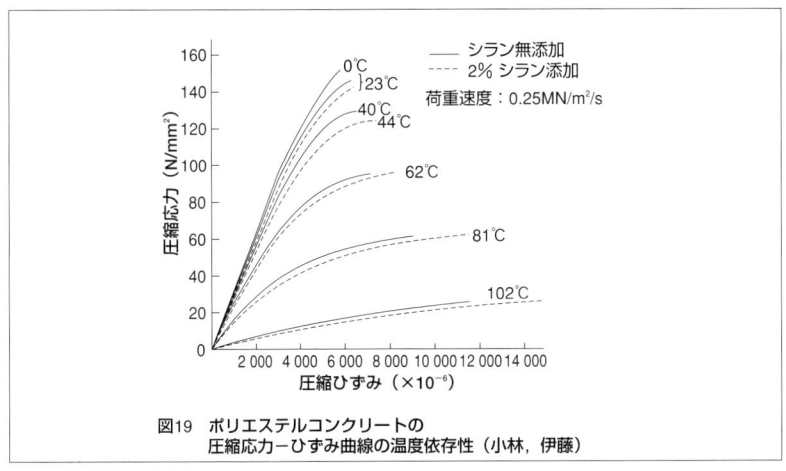

図18　ポリメタクリル酸メチルコンクリートの
　　　圧縮強度および発熱温度と養生時間の関係（小林，大濱）

図19　ポリエステルコンクリートの
　　　圧縮応力－ひずみ曲線の温度依存性（小林，伊藤）

極めて良好である。前述の**表13**には，ポリマーコンクリートの吸水率も併せて示す。一般に，ポリマーコンクリートおよびモルタルの耐水性は良好である。ポリエステルコンクリートおよびモルタルの耐水性は，ポリエステルの加水分解による劣化を懸念してよく問題視されるが，熱水暴露されない限り，良好といえる。

⑤ポリマー結合材の高い接着性に起因して，接着性に優れることから，セメントコンクリートやモルタル，石材，タイル，金属，木材，れんがなどの各種建築材料によく接着する。一般に，この接着性は，ポリマー結合材の種類，被着体（下地材）の性質，使用条件，試験方法などによって影響される。

⑥セメント水和物のような耐薬品性不良の成分を含まず，水密性の組織構造が形成されるために，ポリマー結合材の種類にもよるが，概して優秀

表14　ポリマーコンクリートの耐凍害性（大濱）

ポリマーコンクリートの種類	凍結融解サイクル数	質量変化率（%）	動弾性係数（GPa）	曲げ強度（N/mm^2）
エポキシコンクリート	0	—	28.3	17.3
	100	0.04	28.1	17.0
	300	0.07	25.6	17.0
ポリエステルコンクリート	0	—	33.6	22.7
	100	0.06	33.6	22.4
	200	0.14	33.6	—
	300	0.15	33.1	—
	400	0.18	32.7	21.7
ポリウレタンコンクリート	0	—	18.3	19.3
	100	0.09	17.4	18.4
	300	0.18	16.9	17.9

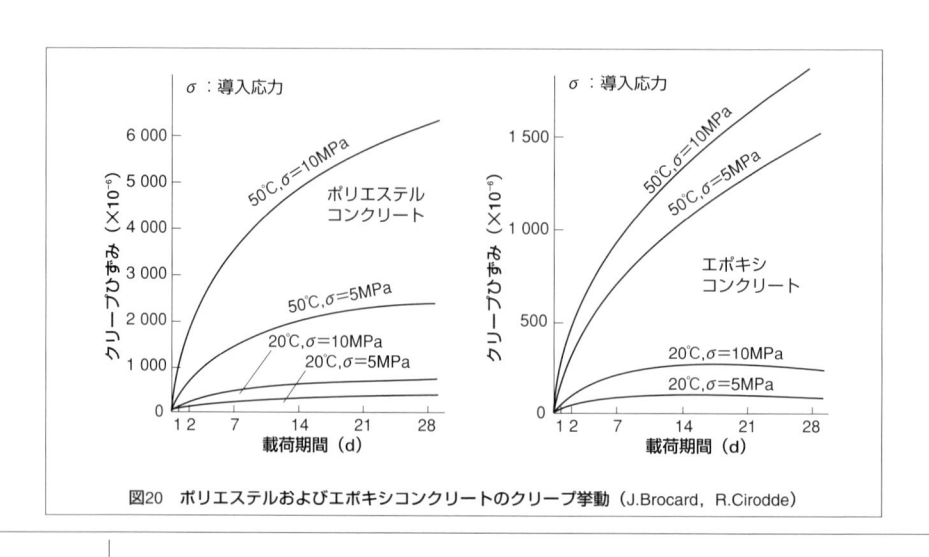

図20　ポリエステルおよびエポキシコンクリートのクリープ挙動（J.Brocard，R.Cirodde）

な耐薬品性を与える。ただし，それらの酸化剤に対する抵抗性は不良である。**表15**には，ポリマーコンクリートの耐薬品性に関する概念的評価を示す[32]。

⑦ポリマー結合材の種類と性質にもよるが，一般に，耐摩耗性，耐衝撃性および電気絶縁性は良好である。

⑧可燃性のポリマー結合材を含むため，その種類にもよるが，防火性能および耐火性は不良である。この本質的欠陥を改善するには，前述したように，ポリマー結合材の量を必要最小限度に抑えるように工夫し，さらに難燃剤などを使用する。

⑨一般に，無機材料よりも耐候性に乏しいと考えられるポリマー結合材を含むため，ポリマーセメントコンクリートおよびモルタルと同様，耐候性はセメントコンクリートおよびモルタルよりも相当に劣るようにいわれるが，**図21**に示す実際の屋外暴露試験の結果から見れば[33]，20年以上の耐久性が保証されそうである。

表15 ポリマーコンクリートの耐薬品性（大濱）

ポリマーコンクリートの種類	評価法（10点法による評価）				
	薬品の種類				
	酸	アルカリ	塩	溶剤	油脂・鉱油
ポリエステルコンクリート	8〜9	3〜4	9〜10	4〜5	7〜9
エポキシコンクリート	9〜10	9〜10	10	6〜7	9
フランコンクリート	9〜10	9〜10	10	7〜8	8
アクリルコンクリート	8〜9	8〜9	9〜10	5〜6	7〜9
セメントコンクリート	1	8〜10	1〜7	5〜7	7〜10

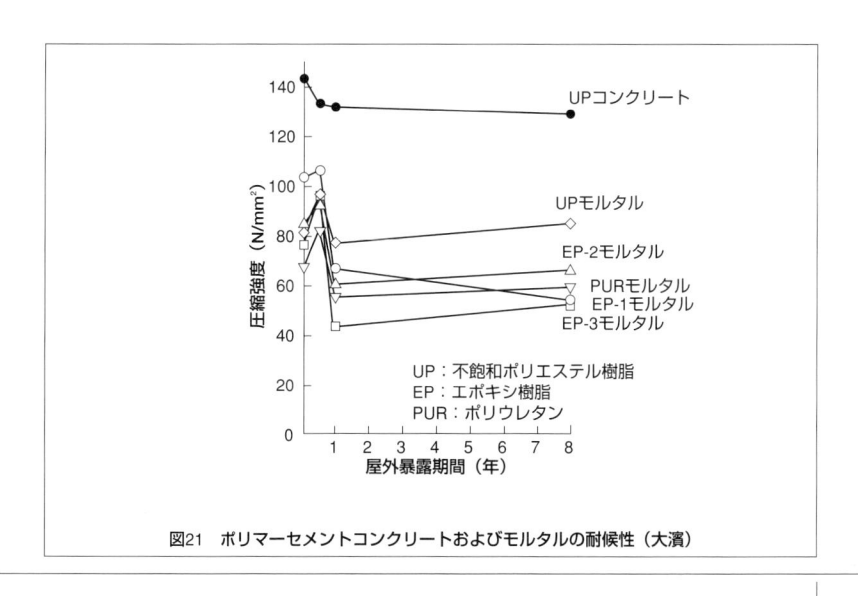

図21 ポリマーセメントコンクリートおよびモルタルの耐候性（大濱）

用途

　ポリマーコンクリートおよびモルタルは，ポリマーセメントコンクリートおよびモルタルと同様，すでに汎用の建築材料となっており，その用途は，プレキャスト製品と現場施工に大別される。**表16**および**表17**には，わが国において普及度の高いポリマーモルタルとポリエステルコンクリートの用途を示す[34]。多くの場合，ポリマーモルタルは現場施工されるが，強化プラスチック複合管，人工大理石などのプレキャスト製品は工場生産される。

　一方，ポリマーコンクリートは，プレキャスト製品と現場施工の用途に使われ，特に，わが国では，ポリエステルコンクリートのプレキャスト製品の普及が著しい。

表16　ポリマーモルタルの用途（大濱）

用途	施工場所
床材	一般家屋，倉庫，事務所，学校，病院，工場および店舗，便所の床，通路，階段，ガレージ，プラットホーム，電車・列車などの床など
舗装材	道路（歩道および車道），橋床版，歩道橋，駐車場，空港の滑走路など
防食材	廃液溝，化学工場床，耐酸タイルの目地材，化学実験室床，薬品倉庫床，電解槽，温泉の浴槽，桟橋やシーバースのような海洋構造物など
接着材	床材用接着材，壁材および断熱材などの接着材，タイル用接着材，新旧コンクリート（モルタル）の打継ぎ，アンカーボルトの埋込みなど
補修材	コンクリート構造物のひび割れおよび層はく離のグラウト，その他の損傷部の断面修復，腐食した鉄筋の防せいコーティングなど
防水材	コンクリート屋根スラブ，モルタル壁体，コンクリートブロック，貯水タンク，プール，し尿消化槽，サイロなど
小断面自動シールド工法	通信ケーブル用，下水道用管路など
プレキャスト製品	下水道用，かんがい用，工場廃水用および電力ケーブル用の強化プラスチック複合管，強化プラスチック複合パネル，人工大理石など

表17　ポリエステルコンクリートの用途（大濱）

用途	施工場所
構造用プレキャスト製品	通信ケーブル管路用，電力ケーブル管路用およびガスパイプライン用のマンホールとハンドホール，通信ケーブル管路および下水道のシールド工法セグメント，港湾および温泉地工事用パイル，工作機械のベッドおよびサドル，建築用強化プラスチック複合フレームおよびパネルなど
非構造用プレキャスト製品	側溝ますぶた，U字管，歩道板，テラゾータイルおよびパネル，建築用大型化粧パネルおよび曲面化粧パネル，間仕切り壁用パネル，流し，プレファブ式収納庫，酸性水の砂防ダム用耐酸永久型枠，海洋構造物用永久型枠，カウンター，洗面台など
現場打込み	ダム余水路の覆men工，水力発電所の減勢工の保護ライニング，取水ぜきの覆工，酸性水の砂防ダムの耐酸ライニング，温泉地の建物の基礎など

ポリマー含浸コンクリート（モルタル）

使用材料

　　ポリマー含浸コンクリートおよびモルタル［略称：PIC（PIM）］に用いる材料は，基材とポリマー含浸材に大別される。基材には，プレキャスト製品もしくは既設のセメントコンクリートおよびモルタルが用いられる。基材となるプレキャスト製品としては，セメントコンクリートおよびモルタルの成形品，スレート，せっこう製品などがある。現場ポリマー含浸工法では，既設の硬化セメントコンクリートおよびモルタルの現場自体が基材となる。ポリマー含浸材は，その主成分となるモノマー，プレポリマーなどと，架橋剤，触媒，カップリング剤などを所定の配合比で混合して調製される。よく利用されるモノマーは，メタクリル酸メチル［$CH_2=C(CH_3)COOCH_3$，分子量100.12］である。**表18**には，メタクリル酸メチルおよびそのポリマーの性質を示す。セメントコンクリート表面の改質に用いる浸透性吸水防止材（塗布含浸材または表面含浸材とも呼ばれる）を用いたコンクリートおよびモルタルも，ポリマー含浸コンクリートおよびモルタルのカテゴリーに含まれるが，使用材料，製造・施工法および用途については，後述する『表面改質用コンクリート・ポリマー複合体』を参照されたい。

使い方──製造・施工法

　　ポリマー含浸材を用いるポリマー含浸コンクリートおよびモルタルの製造には，プレキャスト製品としての工場生産方式（熱重合法の適用）と現場ポリマー含浸工法としての現場施工方式がある。工場生産方式には，もともと熱重合法と放射線重合法があったが，現在は工業的に利用しやすい熱重合法だけが適用されている。

表18　メタクリル酸メチルおよびそのポリマーの性質（大濱）

モノマーの性質		ポリマーの性質	
粘度(20℃, mPa·s)	0.58	密度(20℃, g/cm³)	1.18～1.19
密度(20℃, g/cm³)	0.94	ガラス転移温度(℃)	100～105
蒸気圧(20℃, kPa)	4.666	分解点(℃)	260
沸点(101kPa, ℃)	100.8	吸水率(%)	0.3～0.4
引火点(℃)	29.4	圧縮強度(MPa)	77～130
水に対する溶解度(20℃, %)	1.35	引張強度(MPa)	56～80
		弾性係数(GPa)	2.5～3.5
		ポアソン比	0.33

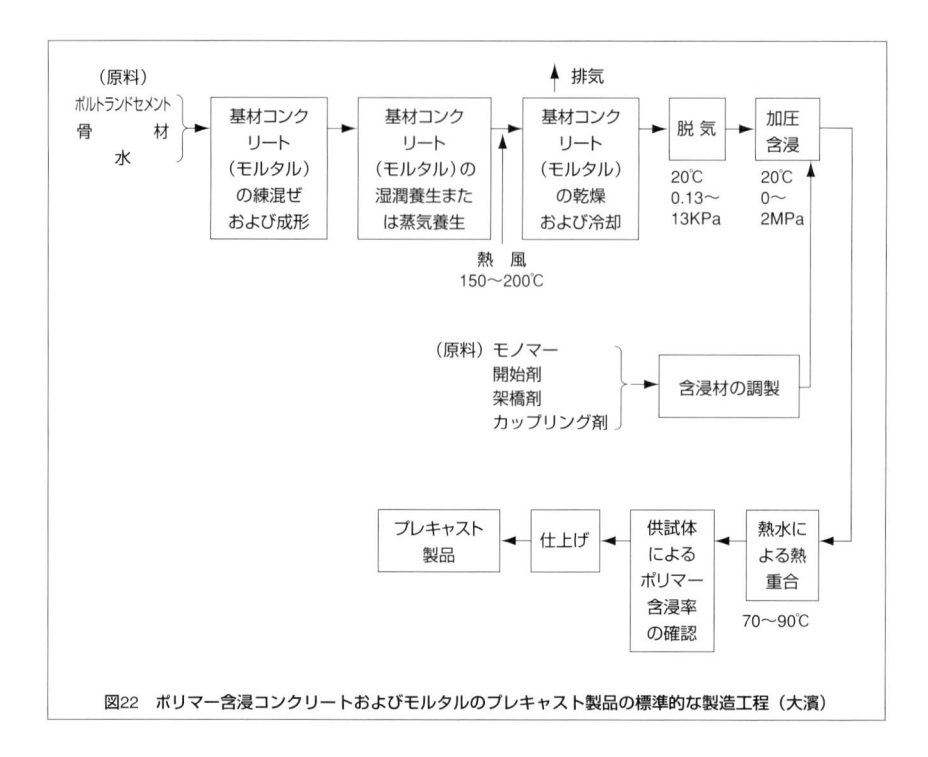

図22 ポリマー含浸コンクリートおよびモルタルのプレキャスト製品の標準的な製造工程（大濱）

前者におけるポリマー含浸率（基材に対する含浸したポリマーの質量比）は，通常は5～10%であり，また，後者におけるポリマー含浸深さ（基材表面からのポリマーの含浸した深さ）は，通常は20～30mm程度である。しかし，現在のところ，現場施工方式はまったく実施されていないので，**図22**には，プレキャスト製品としての工場生産方式の標準的な製造工程を示す。

性質

ポリマー含浸コンクリートおよびモルタルの性質は，ポリマー含浸率および含浸深さに大きく支配される。セメントコンクリートおよびモルタルと比較して，ポリマー含浸コンクリートおよびモルタルは，強度，水密性，耐凍害性，中性化および塩化物イオン浸透に対する抵抗性，耐摩耗性，耐衝撃性，耐薬品性などに優れる。

表19には，ポリメタクリル酸メチル含浸コンクリートの性質を示す[35]。この表からわかるように，未含浸コンクリートと比較して，ポリメタクリル酸メチル含浸コンクリートの強度，水密性，耐凍害性，耐摩耗性，耐衝撃性および耐酸性は著しく改善されるが，その熱的特性には大きな変化はない。また，その機械的性質である強度および弾性係数は，**表13**のポリマ

表19 ポリメタクリル酸メチル含浸コンクリートの性質（BNL）

性質	未含浸コンクリート	ポリメタルクリル酸メチル含浸コンクリート
圧縮強度 (N/mm²)	37	128
弾性係数 (GPa)	25	43
引張強度 (N/mm²)	2.9	10.6
曲げ強度 (N/mm²)	5.2	16.1
吸水率 (%)	6.4	0.34
すりへり (摩耗) (mm)	1.26	0.37
(g)	14	4
キャビテーション (mm)	8.13	0.51
透水性 (mm/年)	0.16	0.04
熱伝導率 (23℃), (W/m・℃)	2.30	2.19
熱拡散率 (23℃), (μm²/s)	1.00	1.00
熱膨張率 (×10⁻⁶/℃)	7.25	9.48
耐凍害性 (サイクル：質量減%)	490：25.0	750：0.5
衝撃硬さ (L-ハンマー)	32.0	52.0
耐塩酸性, 15%HCl 84d 浸漬 (質量減%)	10.4	3.49

ーコンクリートのそれらと比べて，大差がないことがわかる。

用途

わが国におけるポリマー含浸コンクリートおよびモルタルのプレキャスト製品の実用化としては，永久型枠，パイプ，テラゾーパネル（壁用），放射性廃棄物収納容器，インターロッキングブロックなどがある。

現在，この種のプレキャスト製品を製造している企業は，外国にはなく，わが国ではマテラス青梅工業社だけが試作工場を操業している。

このように，近年，ポリマー含浸コンクリートおよびモルタルの研究・開発は，積極的に行われていない。その理由は，製造工程が複雑で，特に，乾燥および重合工程でのエネルギーコストが高いこと，前述したように，性能的にはポリマーコンクリートのプレキャスト製品とほとんど変わらず，性能とコストのバランスがとれないこと，ポリマー含浸率およびポリマー含浸深さの非破壊試験による正確な測定方法がなく，品質管理が難しいことなどで，積極的な実用化のための障害となっている。

【参考文献】

1) 大濱嘉彦：第7章ポリマーセメントコンクリート，ポリマーコンクリートおよびポリマー含浸コンクリート，コンクリート便覧（第二版），技報堂出版，東京，1996，p. 484
2) Y. Ohama : Handbook of Polymer-Modified Concrete and Mortars-Properties and Process Technology, Noyes Publications, Park Ridge, New Jersey, 1995, p. 13
3) 大濱嘉彦：I-9セメント混和用ポリマー，新セメント・コンクリート用混和材料，技術書院，東京，2007, pp. 135～152

4) 橋本 寛・大濱嘉彦：ポリマーセメントコンクリートの強度性状，コンクリート工学，Vol. 15. No. 11, 1977, p. 118
5) 3) のp. 149
6) ACI Committee 548：Guide for the Use of Polymers in Concrete, ACI 548. IR-97, American Concrete Institute, Farmington Hills, Michigan, 1997, p. 18
7) 4) のp. 123
8) 大濱嘉彦：特殊な材料を用いたコンクリート V-Ⅰポリマー混和剤，コンクリート工学，Vol. 25, No. 12, 1987, p. 81
9) 橋本 寛・大濱嘉彦：ポリマーセメントコンクリートの強度に及ぼす養生法の影響，日本大学工学部紀要，分類A，工学編，Vol. 19, 1978, p. 117
10) Y. Ohama and S. Kan：Effects of Specimen Size on Strength and Drying Shrinkage of Polymer-Modified Concrete. International Journal of Cement Composites and Lightweight Concrete, Vol. 4, No. 4, 1982, p. 230
11) 2) のp. 73
12) Y. Ohama, K. Demura and W. Kim：Properties of Polymer-Modified Mortars Using Redispersible Polymer Powders, Proceedings of the First East Asia Symposium on Polymers in Concrete, Kangwon National University, Chuncheon, Korea, 1994, pp. 81～90
13) 2) のp. 103
14) 2) のp. 142
15) Y. Ohama, T. Moriwaki and K. Shiroishida：Weatherability of Polymer-Modified Mortars through Ten-Year Outdoor Exposure, Proceedings of the Fourth International Congress on Polymers in Concrete, Technische Hochschule Darmstadt, Darmstadt, 1984, p. 69
16) 大濱嘉彦・出村克宣・三宅雅之：ポリマーセメントモルタル及びコンクリートにおける塩化物イオン拡散性状，セメント技術年報，No. 40, 1986, pp. 87～90
17) Y. Ohama：Adhesion Durability of Polymer-Modified Mortars through Ten-Year Outdoor Exposure, Proceedings of the Third International Congress on Polymers in Concrete, Volume 1, College of Engineering, Nihon University, Koriyama, Japan, 1982, pp. 209～221
18) 大濱嘉彦・橋本 寛：ポリマーセメントコンクリートの乾燥収縮と圧縮クリープ，セメント技術年報，No. 32, 1978, p. 310
19) 大濱嘉彦：ポリマーコンクリートの製造法，性質，用途及び開発動向，ポリマーダイジェスト，Vol. 35, No. 2, 1983, p. 40
20) Y. Kokubun and Y. Ohama：Proceedings of the 12th International Congress on Polymers in Concrete（投稿中）
21) M. M. Sprinkel：Twenty-Year Performance of Latex-Modified Concrete Overlays, Polymer-Modified Hydraulic-Cement Mixtures, STP-1176, American Society for Testing and Materials, Philadelphia, 1993, pp. 141～154
22) 1) のp. 490
23) 大濱嘉彦：廃棄物の再資源化技術，ポリマーセメントコンクリートおよびポリマーコンクリートへの活用の可能性，セメント・コンクリート，No. 678, 2003, pp.1～8
24) 大濱嘉彦・山口 茂：レジンコンクリートの特性と構造利用，1. 建設材料としてのレジンコンクリート，材料，Vol. 54, No. 9, 2005, pp. 971～978
25) S. Kondo, M. Kuroiwa and W. Kurahashi：Report on Large-Depth, Long-Distance Execution of Construction by Small-Diameter Automatic Shield Tunneling System Employing the Cast-in-Place Method, Paper Presented

26) at the International Congress on Progress and Innovation in Tunneling, Toronto, 1989
26) T. Kobayashi and Y. Ohama : Low-Temperature Curing of Polymethyl Methacrylate Polymer Concrete, Transportation Research Record 1003, International Symposium on Mechanical Properties of Special Concrete, 1984, pp. 15～18
27) 1）のp. 491
28) 大濱嘉彦・出村克宣・小宮山 正：ポリエステルレジンコンクリートの強度などの性状に及ぼすスチレン-ポリエステル比の影響，材料, Vol. 29, No.318, 1980, pp. 266-271
29) K. Kobayashi and T. Ito : Several Physical Properties of Resin Concrete, Polymers in Concrete, Proceedings of the First International Congress on Polymer Concretes, The Construction Press, Lancaster, 1976, pp. 236～240
30) J. Brocard and R. Cirodde : Proprietes Fondamentales des Betons de Resine, RILEM Bulletin, No. 37, 1967, pp. 221～231
31) 大濱嘉彦：レジンコンクリートの凍結融解に対する抵抗性，昭和44年度建築研究所年報, 1970, pp. 304～305
32) 大濱嘉彦：ポリマーコンクリートの製造法と性質，用途及び開発動向，ポリマーダイジェスト, Vol. 35, No. 2, 1983, p. 47
33) 大濱嘉彦：ポリマーコンクリートの耐久性，日本接着協会誌, Vol.15, No. 11, 1979, pp. 536～547
34) 1）のp. 493
35) M. Steinberg et al. : Concrete-Polymer Materials, 1st Topical Report, BNL 50134(T-509) and USBR Gen. Rep. 41, Brookhaven National Laboratory, Upton, New York, and U. S. Bureau of Reclamation, Denver, p. 83, 1968

コンクリート・ポリマー複合体の品質・試験方法および施工の標準化の動向

　世界各国のおけるコンクリート・ポリマー複合体の研究・開発の歴史は、その背景によって各国で差異があるが、その研究・開発が本格化したのは、1950年代から1960年代にかけてである。わが国でも、同年代から約50年以上にわたって、コンクリート・ポリマー複合体の研究・開発が積極的に行われ、現在では、アメリカ、ロシア、イギリス、ドイツと並んで、五大先進国の一つに数えられている。これら先進国の中で、その製品の品質、試験方法ならびに施工の標準化が進んでいるのは、日本、アメリカ、イギリスおよびドイツである。

　わが国のJIS（日本工業規格）では、ポリマーセメントペースト、モルタルおよびコンクリート関係で4件、ポリマーペースト、モルタルおよびコンクリート関係で11件が制定されている。諸外国においても、ポリマーセメントモルタルおよびコンクリート関係のBSが、ポリマーモルタルおよびコンクリート関係のASTM、BS、DINおよびGOSTが、それぞれ数多く制定されている。また、国際機関としてのRILEM（国際材料構造試験研究機関・専門家連合）では、ポリマーセメントモルタル、ポリマーモルタルおよびコンクリート関係の31件のRILEM Recommendationsが制定されている。

　現在、わが国では、日本建築学会のコンクリート・ポリマー複合体の指針改訂小委員会、日本材料学会のコンクリート工事用樹脂委員会および国際コンクリート・ポリマー複合体会議（ICPIC：International Congress on Polymers in Concrete）の日本支部（Japan Chapter）において、コンクリート・ポリマー複合体に関する試験方法の規格化、施工指針の作成などの委員会活動が行われている。また、日本コンクリート工学協会では、ポリマーセメントモルタルの試験方法が検討され、すでに日本コンクリート工学協会（JCI）規準（案）として17件の試験方法（案）が、土木学会コンクリート委員会においても、コンクリート構造物の補修に使用する、ポリマーセメント系およびポリマー系のひび割れ注入材や断面修復材、表面被覆材および表面含浸材の試験方法が、13件の土木学会（JSCE）規準（案）として制定されている。

　以下に、コンクリート・ポリマー複合体の品質、試験方法および施工に関する主要な規格、規準（基準）、指針および仕様書を、コンクリート・ポリマー複合体の分類に従って掲げる。

ポリマーセメントペースト，モルタルおよびコンクリート関係の規格，規準（基準），指針および仕様書

（1）品質に関する規格，規準（基準），指針および仕様書

JIS A 6203：2000		セメント混和用ポリマーディスパージョン及び再乳化形粉末樹脂
JIS A 6909：2003		建築用仕上塗材
JIS A 6916：2000		建築下地調整塗材
日本建築学会		建築工事標準仕様書　JASS 15（左官工事）（2007）
	M-102	既調合セメントモルタルの品質規準
	M-103	セルフレベリング材の品質規準
日本建築学会		鉄筋コンクリート造建築物の耐久性調査・診断および補修指針（案）（1997）
	付1.1	断面修復用ポリマーセメントモルタルの品質基準（案）
	付1.3	鉄筋コンクリート補修用防せい材の品質基準（案）
日本建築仕上材工業会	NSKS-001	下地調整用ポリマーセメントモルタル（1991）
	NSKS-002	欠損部補修用ポリマーセメントモルタル（1991）
	NSKS-003	補修用注入ポリマーセメントスラリー（1991）
	NSKS-006	鉄筋コンクリート補修用防せい材（1992）
	NSKS-007	吹付けモルタル材（1993）
	NSKS-008A	セメント系セルフレベリング材（1993）
	NSKS-008B	レディーミックスセメント系セルフレベリング材（1993）
	NSKS-011	石材調仕上塗材（2002）
ASTM C 387-04		Standard Specification for Packaged, Dry, Combined Materials for Mortar and Concrete
ASTM C 928-05		Standard Specification for Packaged, Dry, Rapid-Hardening Cementitious Materials for Concrete Repairs
ASTM C 1059-99		Standard Specification for Latex Agents for Bonding Fresh to Hardened Concrete
ASTM C 1438-99		Standard Specification for Latex and Powder Polymer Modifiers for Hydraulic Cement Concrete and Mortar

（2）試験方法に関する規格，規準（基準），指針および仕様書

JIS A 1171:2000　ポリマーセメントモルタルの試験方法
日本コンクリート工学協会ポリマーセメントモルタル試験方法規準（案）（1987）

（1）硬化性試験方法（2）引張強さ試験方法（3）せん断強さ試験方法
（4）曲げ強さ及び曲げタフネス試験方法（5）接着強さ試験方法
（6）温冷繰り返しによる接着耐久性試験方法（7）衝撃試験方法
（8）摩耗試験方法（9）凍結融解試験方法（10）難燃性試験方法
（11）促進中性化試験方法（12）塩化物イオン浸透深さ試験方法
（13）圧縮強さ及び静弾性係数試験方法（14）熱膨張係数試験方法
（15）鉄筋に対する付着強さ試験方法（16）耐薬品性試験方法
（17）防せい性試験方法

土木学会規準	JSCE-K 511-1999	表面被覆材の耐候性試験方法（案）
	JSCE-K 521-1999	表面被覆材の酸素透過性試験方法
	JSCE-K 522-1999	表面被覆材の透湿度試験方法（案）
	JSCE-K 523-1999	表面被覆材の透水量試験方法（案）
	JSCE-K 524-1999	表面被覆材の塩化物イオンの浸透深さ試験方法（案）
	JSCE-K 531-1999	表面被覆材の付着強さ試験方法
	JSCE-K 532-1999	表面被覆材のひび割れ追従性試験方法
	JSCE-K 543-2000	コンクリート構造物補修用ポリマーセメント系ひび割れ注入材の試験方法
	JSCE-K 553-2000	コンクリート構造物補修・補強用ポリマーセメント系充てん材の試験方法
	JSCE-K 561-2003	コンクリート構造物用断面修復材の試験方法（案）
ASTM C 1042-99		Standard Test Method for Bond Strength of Latex Systems Used with Concrete by Slant Shear
ASTM C 1439-99		Standard Test Methods for Polymer- Modified Mortar and Concrete
BS 6319-1：1983		Testing of Resin and Polymer/Cement Compositions for Use in Construction. Method for Preparation of Test Specimens
BS 6319-2：1983		Testing of Resin and Polymer/Cement Compositions for Use in Construction. Method for Measurement of Compressive Strength
BS 6319-3：1990		Testing of Resin and Polymer/Cement Compositions for Use in Construction. Methods for Measurement of Modulus of Elasticity in Flexure and Flexural Strength
BS 6319-4：1984		Testing of Resin and Polymer/Cement Compositions for Use in Construction. Method for Measurement of Bond Strength （Slant Shear

BS 6319-5 : 1984　Testing of Resin and Polymer/Cement Compositions for Use in Construction.
Method for Determination of Density of Hardened Resin Compositions

BS 6319-6 : 1984　Testing of Resin and Polymer/Cement Compositions for Use in Construction.
Method for Determination of Modulus of Elasticity in Compression

BS 6319-7 : 1985　Testing of Resin and Polymer/Cement Compositions for Use in Construction.
Method for Measurement of Tensile Strength

BS 6319-8 : 1984　Testing of Resin and Polymer/Cement Compositions for Use in Construction.
Method for the Assessment of Resistance to Liquids

BS 6319-9 : 1987　Testing of Resin and Polymer/Cement Compositions for Use in Construction.
Method for Measurement and Classification of Peak Exotherm Temperature

BS 6319-10 : 1987　Testing of Resin and Polymer/Cement Compositions for Use in Construction.
Method for Measurement Temperature of Deflection under Bending Stress

BS 6319-11 : 1993　Testing of Resin and Polymer/Cement Compositions for Use in Construction.
Methods for Determination of Creep in Compression and in Tension

BS 6319-12 : 1992　Testing of Resin and Polymer/Cement Compositions for Use in Construction.
Methods for Measurement of Unrestrained Linear Shrinkage and Coefficient of Thermal Expansion

RILEM (International Union of Laboratories and Experts in Construction Materials, Systems and Structures) Recommedations Technical Committee TC-113 Test Methods for Concrete-Polymer Composites (1995)

PCM-1　Method of Making Samples of Polymer-Modified Mortar in the Laboratory
PCM-2　Method of Making Polymer-Modified Mortar Specimens
PCM-3　Method of Test for Slump and Flow of Fresh Polymer-Modified

	Mortar
PCM-4	Method of Test for Unit Weight and Air Content of Fresh Polymer-Modified Mortar
PCM-5	Method of Test for Setting Time of Fresh Polymer-Modified Mortar
PCM-6	Method of Test for Compressive Strength and Static Elastic Modulus of Polymer-Modified Mortar
PCM-7	Method of Test for Tensile Strength of Polymer-Modified Mortar
PCM-8	Method of Test for Flexural Strength and Deflection of Polymer-Modified Mortar
PCM-9	Method of Test for Adhesion of Polymer-Modified Mortar to Cement Mortar
PCM-10	Method of Test for Bond Strength of Polymer-Modified Mortar to Reinforcing Steel Bars
PCM-11	Method of Test for Water Absorption of Polymer-Modified Mortar
PCM-12	Method of Test for Water Permeation of Polymer-Modified Mortar
PCM-13	Method of Test for Impact Resistance of Polymer-Modified Mortar
PCM-14	Method of Test for Adhesion Durability of Polymer-Modified Mortar by Thermal Cycling
PCM-15	Method of Test for Accelerated Carbonation of Polymer-Modified Mortar
PCM-16	Method of Test for Chloride Ion Penetration of Polymer-Modified Mortar
PCM-17	Method of Test for Corrosion-Inhibiting Property of Polymer-Modified Mortar
PCM-18	Method of Test for Chemical Resistance of Polymer-Modified Mortar

(3) 施工に関する規格，規準（基準），指針および仕様書

日本建築学会	コンクリート・ポリマー複合体の施工指針（案）（2001）
	鉄筋コンクリート造建築物の耐久性調査・診断および補修指針（案）（1997）
	ポリマーセメント系塗膜防水工事施工指針（案）（2006）
日本建築学会建築工事標準仕様書	JASS8（防水工事）（2000）
	JASS15（左官工事）（2007）
	JASS18（塗装工事）（2006）
	JASS19（陶磁器質タイル張り工事）（2005）
	JASS23（吹付け工事）（2006）
	JASS26（内装工事）（2006）
日本建築仕上材工業会	補修用ポリマーセメントスラリー標準施工要領書（案）（1991）

　　　　　　　　　　欠損部補修用ポリマーセメントモルタル標準施工要領書
　　　　　　　　　　（案）（1991）
　　　　　　　　　　下地調整用ポリマーセメントモルタル標準施工要領書
　　　　　　　　　　（案）（1991）
　American Concrete Institute（ACI）
　ACI 201.2R-01　Guide to Durable Concrete
　ACI 546R-04　　Concrete Repair Guide
　ACI 546.3R-06　Guide for the Selection of Materials for the Repair of Concrete
　ACI 548.1R-97　Guide for the Use of Polymers in Concrete
　ACI 548.4-93（1998）Standard Specification for Latex-Modified（LMC）
　　　　　　　　　　Overlays
　The Federal Ministry for Transport, The Federal Länder Technical Committee,
　Bridge and Structural Engineering（Germany）
　　ZTV-SIB 90　Supplementary Technical Regulation and Guideline for
　　　　　　　　Protection and Maintenance of Concrete Components　（1990）
　　TP BE-PCC　Technical Test Regulation for Concrete Replacement Systems
　　　　　　　　Using Cement
　　　　　　　　Mortar/ Concrete with Plastics Additives　（1990）
　　TL BE-PCC　Technical Delivery Conditions for Concrete Replacement
　　　　　　　　System Using Cement
　　　　　　　　Mortar/Concrete with Plastics Additives　（1990）
　Intermational Concrete Repair Institute（ICRI）
　ICRI Guideline No.03733 Guide for Selecting and Specifying Materials for
　　　　　　　　Repair of Concrete Surfaces（1997）

ポリマーペースト，モルタルおよびコンクリート関係の規格，規準（基準），指針および仕様書

（1）品質に関する規格，規準（基準），指針および仕様書
　JIS A 4420：2005　　キッチン設備の構成材
　JIS A 5350：1991　　強化プラスチック複合管
　JIS A 5532：1994　　浴槽
　JIS A 5731：2002　　再生プラスチック製宅地内用雨水ます及びふた
　JIS A 6024：1998　　建築補修用注入エポキシ樹脂
　JIS K 6931：1991　　再生プラスチック製の棒，板及びくい
　JIS K 6932：1991　　再生プラスチック製標識くい
　日本建築学会　　鉄筋コンクリート造建築物の耐久性調査・診断および補修指
　　　　　　　　針（案）（1997）
　　　　　　　　付1.1 断面修復用軽量エポキシ樹脂モルタルの品質基準（案）
　　　　　　　　付1.3 鉄筋コンクリート補修用防せい材の品質基準（案）

日本建築仕上材工業会 NSKS-005 欠損部補修用軽量エポキシモルタル（1991）
ASTM C 395-01　　Standard Specification for Chemical-Resistant Resin Mortars
ASTM C 658-98（2003）　Standard Specification for Chemical-Resistant Resin Grouts for Brick or Tile
ASTM C 881/C 881M-02　Specification for Epoxy-Resin-Base Bonding Systems for Concrete

(2) 試験方法に関する規格，規準（基準），指針および仕様書
JIS A 1181:2005　　レジンコンクリートの試験方法
JIS A 1718:1994　　浴槽の性能試験方法
JIS A 6901:1999　　液状不飽和ポリエステル樹脂試験方法
JIS K 7231:1986　　エポキシ樹脂及び硬化剤の試験方法通則
土木学会規準 JSCE-K 541-2000　コンクリート構造物補修用有機系ひび割れ注入材の試験方法
　　　　　　　 JSCE-K 551-2000　コンクリート構造物補修・補強用有機系充てん材の試験方法
ASTM C 267-01　　Standard Test Methods for Chemical Resistance of Mortars, Grouts, and Monolithic Surfacings, and Polymer Concretes
ASTM C 307-03　　Standard Test Method for Tensile Strength of Chemical-Resistant Mortars, Grouts, and Monolithic Surfacings
ASTM C 308-00　　Standard Test Methods for Working, Initial Setting, and Service Strength Setting Times of Chemical-Resistant Resin Mortars
ASTM C 321-00　　Standard Test Method for Bond Strength of Chemical-Resistant Mortars
ASTM C 413-01　　Standard Test Method for Absorption of Chemical-Resistant Mortars, Grouts, Monolithic Surfacings, and Polymer Concretes
ASTM C 531-00（2005）　Standard Test Method for Linear Shrinkage and Coefficient of Thermal Expansion of Chemical-Resistant Mortars, Grouts, Monolithic Surfacings, and Polymer Concretes
ASTM C 579-01　　Standard Test Method for Compressive Strength of Chemical-Resistant Mortars, Grouts, Monolithic Surfacings, and Polymer Concretes
ASTM C 580-02　　Standard Test Method for Flexural Strength and Modulus of Elasticity of Chemical-Resistant Mortars, Grouts, Monolithic Surfacings, and Polymer Concretes
ASTM C 882-99　　Standard Test Method for Bond Strength of Epoxy Resin

Systems Used with Concrete by Slant Shear
ASTM C 884/884M-98　Standard Test Method for Thermal Compatibility between Concrete and an Epoxy-Resin Overlay
ASTM C 905-01　Standard Test Methods for Apparent Density of Chemical-Resistant Mortars, Grouts, Monolithic Surfacings, and Polymer Concretes
ASTM C 1312-97（2003）　Standard Practice for Making and Conditioning Chemical-Resistant Sulfur Polymer Cement Concrete Test Specimens in the Laboratory
DIN 51290-1：1991　Testing of Polymer Concretes（Reactive Resin Concretes）for Mechanical Engineering Purposes; Terminology
DIN 51290-2：1991　Testing of Polymer Concretes（Reactive Resin Concretes）for Mechanical Engineering Purposes; Testing of Binders, Fillers and Reactive Resin Compounds
DIN 51290-3：1991　Testing of Polymer Concretes（Reactive Resin Concretes）for Mechanical Engineering Purposes; Testing of Separately Manufactured Specimens
DIN 51290-4：1991　Testing of Polymer Concretes（Reactive Resin Concretes）for Mechanical Engineering Purposes; In-Process Testing and Testing of Final Parts
RILEM（International Union of Laboratories and Experts in Construction Materials, Systems and Structures）Recommendations　Technical Committee TC-113 Test Methods for Concrete-Polymer Composites（1995）

- PC-1　Method of Making Samples of Polymer Concrete and Mortar in the Laboratory
- PC-2　Method of Making Polymer Concrete and Mortar Specimens
- PC-3　Method of Test for Slump and Flow of Fresh Polymer Concrete and Mortar
- PC-4　Determining Methods for Working Life of Fresh Polymer Concrete and Mortar
- PC-5　Method of Test for Compressive Strength of Polymer Concrete and Mortar
- PC-6　Method of Test for Splitting Tensile Strength of Polymer Concrete and Mortar
- PC-7　Method of Test for Flexural Strength of Polymer Concrete and Mortar
- PC-8　Method of Test for Static Elastic Modulus of Polymer Concrete and Mortar

PC-9　Method of Test for Adhesion of Polymer Concrete and Mortar to Cement Concrete
PC-10　Method of Test for Bond Strength of Polymer Concrete and Mortar to Reinforcing Steel Bars
PC-11　Method of Test for Water Absorption of Polymer Concrete and Mortar
PC-12　Method of Test for Chemical Resistance of Polymer Concrete and Mortar
PC-13　Method of Test for Coefficient of Thermal Expansion of Polymer Concrete and Mortar
American Concrete Institute（ACI）
ACI 548.7-04　Test Method for Load Capacity of Polymer Concrete Underground Utiltiy Structures

（3）施工に関する規格，規準（基準），指針および仕様書
日本建築学会　　コンクリート・ポリマー複合体の施工指針（案）（2001）
　　　　　　　　鉄筋コンクリート造建築物の耐久性調査・診断および補修指針（案）（1997）
日本材料学会　　レジンコンクリート構造設計指針（案）（2006）
　　　　　　　　ポリエステルレジンコンクリートの配合設計の手引き（案）（1992）
ASTM C 399-98（2003）　Standard Practice for Use of Chemical-Resistant Resin Mortars
American Concrete Institute（ACI）
ACI 201.1R-92（97）　Guide for Making a Condition Survey of Concrete in Service
ACI 201.2R-01　Guide to Durable Concrete
ACI 224.1R-07　Causes, Evaluation, and Repair of Cracks in Concrete Structures
ACI 503R-93（98）　Use of Epoxy Compounds with Concrete
ACI 503.5R-92（03）　Guide for the Selection of Polymer Adhesives with Concrete
ACI 503.4-97　Standard Specification for Repairing Concrete with Epoxy Mortars
ACI 546.3R-06　Guide for the Selection of Materials for the Repair of Concrete
ACI 546R-04　Concrete Repair Guide
ACI 546.2R-98　Guide to Underwater Repair of Concrete
ACI 548.1R-97（98）　Guide for the Use of Polymers in Concrete
Federal Ministry for Transport,The Federal Länder Technical Commitee, Bridge and Strutual Engineering（Germany）

TP BE-PC	Technical Test Regulations for Concrete Replacement Systems Using Reactive Resin Mortar/Reactive Resin Concrete（PC）（1990）
TL BE-PC	Technical Delivery Conditions for Concrete Replacement Systems Using Reactive Resin Mortar/Reactive Resin Concrete（PC）（1990）

International Concrete Repair Institute（ICRI）

ICRI Guideline No.03730	Guide for Surface Preparation for the Repair of Deteriorated Concrete Resulting from Reinforcing Steel Corrosion（1995）（Reapproved 2002）
ICRI Guideline No.03731	Guide for Selecting Application Methods for the Repair of Concrete Surfaces（1996）（Reapproved 2002）
ICRI Guideline No.03732	Selecting and Specifying Concrete Surfaces Preparation for Sealers, Coating, and Polymer Overlays（1997）（Reapproved 2002）
ICRI Guideline No.03733	Guide for Selecting and Specifying Materials for Repair of Concrete Surfaces（1997）
ICRI Guideline No.03734	Guide for Verifying Field Performance of Injection of Concrete Cracks（1998）

ポリマー含浸モルタルおよびコンクリート関係の規格，規準（基準），指針および仕様書

（1）品質に関する規格，規準（基準），指針および仕様書

日本建築学会　鉄筋コンクリート造建築物の耐久性調査・診断および補修指針（案）（1997）
　　　　　　付1.4　浸透性吸水防止材の品質基準（案）
日本建築仕上材工業会　NSKS-004 浸透性吸水防止材（1991）

（2）試験方法に関する規格，規準（基準），指針および仕様書

土木学会規準 JSCE-K 571-2004 表面含浸材の試験方法（案）
Polymers-in-Concrete委員会（Japan Chapter of ICPIC）浸透性吸水防止材の試験方法（案）（1994）

（3）施工に関する規格，規準（基準），指針および仕様書

日本建築学会　鉄筋コンクリート造建築物の耐久性調査・診断および補修指針（案）（1997）
Polymers-in-Concrete委員会（Japan Chapter of ICPIC）塗布含浸材施工指針（案）（1992）

POLY

第2章

　コンクリート・ポリマー複合体の中で、ポリマーセメントモルタル、ポリマーセメントコンクリート、ポリマーモルタル（レジンモルタル）、ポリマーコンクリート（レジンコンクリート）、ポリマー含浸コンクリートなどは、既に、ポピュラーな建築材料となっています。具体的な建築材料としては、左官材、仕上塗材、タイル用接着材、塗床材、塗膜防水材、防食材、塗布含浸材、鉄筋コンクリート構造物用補修・補強材などが挙げられます。

　本章では、建築工事において利用される、各種のコンクリート・ポリマー複合体の使い方に関する基礎知識を要領よく解説しています。

左官材料

左官材料の概要

　「左官材料」と総称される左官工事に使用される不定形材料は，伝統的に加工度の低い素原料を施工現場で適切に調合・練混ぜを行って使用されるものである。現場施工の左官工事は，壁紙張り，塗装工事，吹付け工事，防水工事などのための下地づくりを行う場合と，最終仕上げまで左官が行う場合とがある。ここでは，前者の左官工事に用いられるコンクリート・ポリマー複合体について述べる。

　建築工事の近代化が進むにつれて，既調合材料が使われることが多くなり，各種品質規格や規準が各団体によって制定されている。工場製品である既調合材料は，そのほとんどがポリマーセメントモルタルを採用している。また，施工現場でセメント，砂およびポリマー混和剤を調合して使用する現場調合モルタルにおいても，国土交通省大臣官房庁営繕部監修「公共建築工事標準仕様書（建築工事編）」（平成19年度版）では，ポリマーセメントモルタルの調合として，ポリマー混和剤の使用量がセメント質量の5％（全固形分換算），すなわち，ポリマーセメント比5％程度と記されている。

　使用されるポリマーの種類は，普及当初には，各種のポリマーが台頭したが，現在はエチレン酢酸ビニル（EVA）エマルション，ポリアクリル酸エステル（PAE）とその共重合体エマルションおよびスチレンブタジエンゴム（SBR）ラテックスの3種類が中心である。

用途

建築用下地調整塗材

　2000年に改正された建築用下地調整塗材の規格であるJIS A 6916：2000（建築用下地調整塗材）は，昭和58年に建築用仕上塗材の下地調整塗材として制定されたが，その後，平成7年に改正され，左官用薄塗材（薄塗り用セメントモルタル材）の一部を包含して規定され，さらに，平成12年に陶磁器質タイルの下地調整塗材の品質基準を含む改正を行っている。

　セメント系下地調整塗材およびセメント系下地調整厚塗材には，その品質規定に適合するために，ポリマーセメントモルタルが採用されており，合成樹脂エマルション系下地調整塗材は，ポリマーモルタルである。

　RC造躯体の仕上げ精度の向上によって，塗厚が10mm以下の建築用下地調整塗材の需要が増加し，図1に示すように，既調合の左官材料中では，最も生産量が多くなっている。この中には，コンクリート型枠の目違い部などのモルタルを擦り

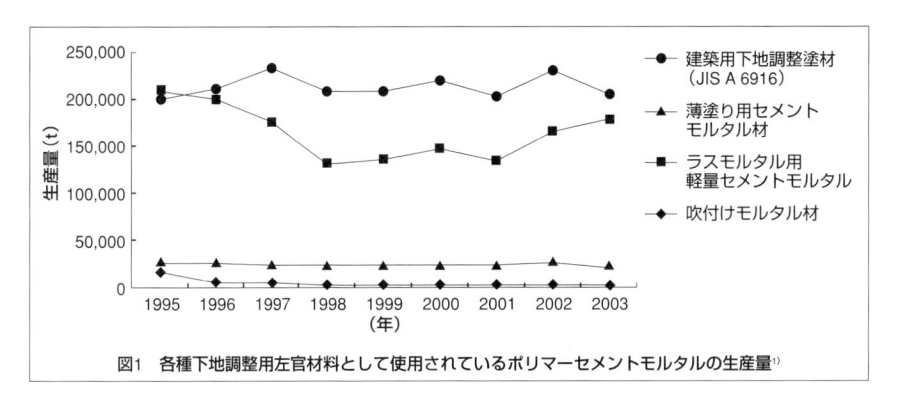

図1 各種下地調整用左官材料として使用されているポリマーセメントモルタルの生産量[1]

切っての塗付けが必要となる，部分的な下地調整に用いられる極薄塗り（塗厚0～1mm程度）が可能とされている下地調整塗材も含まれている。このような下地調整塗材は，タイル施工における直張り工法の普及に相まって需要が増加している。昨今では，無機質軽量骨材の性質の向上や粉体配合技術の向上によって，0から15mm程度までの幅広い塗厚を可能とし，セメント系下地調整厚塗材2種の規格に適合する性能を有する下地調整塗材が上市されている。

JIS A 6916：2000の品質規定では，仕上材に陶磁器質タイルを使用する場合の下地調整塗材は，セメント系下地調整厚塗材2種を使用する規定になっているが，この仕様が広く普及するに至っていない。

また，再乳化形粉末樹脂によるポリマーセメントモルタルの一材化既調合製品が実用化されており，今後は，施工管理や環境問題の観点から，需要の増加が見込まれる。

超軽量断熱モルタル

ポリマーセメントモルタルを応用した左官材料の一例として，超軽量断熱モルタルが上市されている。超軽量断熱モルタルは，セメントおよび無機系軽量混和材からなる粉体と，エチレン酢酸ビニルエマルション，水溶性ポリマー，炭素繊維および超軽量微小中空体（マイクロバルーン）から構成されるペースト状混和材を練り混ぜて得られる。このモルタルは，図2に示す

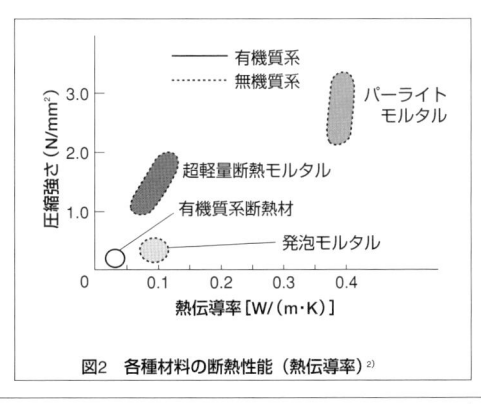

図2 各種材料の断熱性能（熱伝導率）[2]

第2章 左官材料

ように，有機質系断熱材にほぼ近い断熱性能を有する無機質系断熱兼結露防止材である。超軽量断熱モルタルは，密度が0.3g/cm³程度と一般的なモルタルの密度1.7～1.8g/cm³に比べて非常に軽量で，炭素繊維やポリマーの混入効果によって，耐ひび割れ性や下地との接着性にも優れている。また，無機質材料を主成分としているため，「準不燃材料」相当の防火性能を有している。**写真❶❷**には，RC造集合住宅の戸境壁の断熱・結露防止を目的として採用された施工例を示す。

写真❶ 超軽量断熱モルタルの塗付け

写真❷ 施工完了時の超軽量断熱モルタル

機械化施工用モルタル材

環境対策の観点から，左官材料においても，施工現場から出る産業廃棄物（紙袋などの梱包材）の低減や施工環境の改善（粉塵の発生の抑制）が求められている。これらの改善策の1つとして，左官材料の機械化施工がある。左官材料の梱包を従来の袋詰めから，大型サイロや専用コンテナの使用に替えることによって，実質的に施工現場での梱包材の廃棄がゼロになり，さらに，練混ぜの機械化によって，粉塵の発生もほとんど抑制されている。海外，特に，ヨーロッパ諸国では，早くから左官材料の機械化施工が採用されており，広く普及している。国内でも，床補修に用いられるセルフレベリング材やタイル下地モルタルの施工などでは，機械化施工が実施されている。

機械化施工システムによるタイル下地モルタルの施工には，日本建築仕上材工業会（NSK）による品質規準 NSKS-007（吹付けモルタル材）に適合する吹付けモルタル材が用いられるが，主に，再乳化形粉末樹脂を用いたポリマーセメントモルタルの一材化既調合製品が使用されている。**写真❸および図3**には，機械化施工システムの概要を示す。

写真❸ 機械化施工システムの設置例

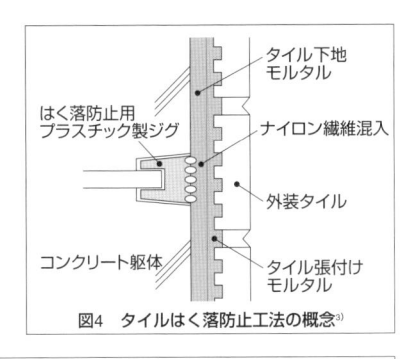

図4 タイルはく落防止工法の概念[3]

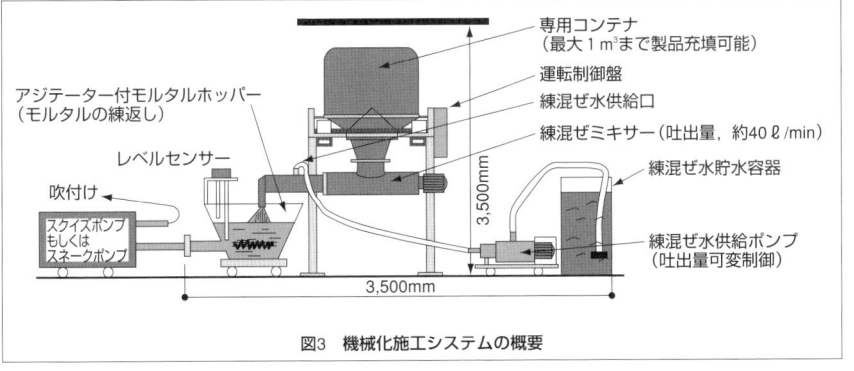

図3 機械化施工システムの概要

化学繊維混入モルタル

　セメントを結合材としない，土壁やしっくいなどの伝統的な左官材料には，古くからひび割れ防止や作業性改善の目的から「すさ」と呼ばれるあしや麻，紙などを原材料とした植物繊維が広く使われてきた。近年，同様の目的と，さらに，はく離・落下防止の効果を付加するために，セメント系左官材料にも各種化学繊維が使用されている。左官材料に使われる代表的な化学繊維としては，ナイロン繊維，ビニロン繊維，アクリル繊維などが挙げられる。

　コンクリート躯体に左官材料を機械的に固定する専用器具とナイロン繊維を混入したタイル下地モルタルを併用した，タイルはく落防止工法がすでに実用化されている。**図4**には，タイルはく落防止工法の概念を示す。この工法で使用されるタイル下地モルタルには，前項の吹付けモルタル材や建築用下地調整塗材などのポリマーセメントモルタルが採用されている。

【参考資料】
1) 日本建築仕上材工業会作成生産統計資料：http://www.nsk-web.org/seisansuu.tpl
2) ㈱竹中工務店HP：http://www.takenaka.co.jp/tric/
3) 東レ㈱HP：http://www.toray.co.jp/news/house/nr020529.html

仕上塗材

仕上塗材

概要

仕上塗材とは，湿式工法で表面を仕上げるもので，「建築用仕上塗材」と呼ばれ，その分類・品質は，JIS A 6909:2003（建築用仕上塗材）に集約されている。JISに準じた仕上塗材の分類を**表1**に示す。日本建築仕上材工業会の定義では，「建築物の内外壁または天井の表面に，ある種の造形的なテクスチャーパターン（生地・感触）を与えると同時に，必要に応じて着色・艶出しを行うため，主として吹付け，こて塗り，ローラー塗り，またははけ塗り工法によって施工する美装と保護を目的とする仕上材で，そのテクスチャーパターンは，砂壁状，ゆず肌模様，クレーター模様，スタッコ状などがあり，山の部分の厚さが3〜6mm程度の仕上材」と規定している。

表1 仕上塗材の種類

対象部位	種類	結合材による分類
天井 内装 外装	薄付け仕上塗材 厚付け仕上塗材 軽量骨材仕上塗材 複層仕上塗材 可とう形改修用仕上塗材	セメント系（C） けい酸質系（Si） 合成樹脂エマルション系（E） 合成樹脂溶液系（S） 水溶性樹脂系（W） ポリマーセメント系（CE） 反応硬化形合成樹脂エマルション系（RE） 消石灰・ドロマイトプラスター系（L） せっこう系（G）

仕上塗材は，コンクリート，モルタルなどの各種セメント系下地の内壁，外壁および天井の工事に適用される。その施工については，JASS23（吹付け工事）に，JISの区分ごとに仕様が定められている。仕上塗材の構成は，下塗り・主材塗り・上塗りの3要素からなる。JIS A 6909に規定する仕上塗材には，そのほとんどがポリマーを結合材または混和剤として採用している。ここでは，主材にポリマーを使用する代表的な仕上塗材について述べる。

ポリマーセメント系複層仕上塗材は，コンクリート・ポリマー複合体である。以下に，3種類のポリマーセメント系複層仕上塗材の概要を示す。

1）ポリマーセメント系複層仕上塗材（複層塗材CE）

主材の結合材としてセメントを用い，これにセメント混和用ポリマーディスパージョンまたは再乳化形粉末樹脂を混合したもの。

2）可とう形ポリマーセメント系複層仕上塗材（可とう形複層塗材CE）

主材の結合材としてセメントを用い，これにセメント混和用ポリマーディスパージョンまたは再乳化形粉末樹脂を混合したもので，挙動の小さい

下地のひび割れに対する抵抗性を有するように,主材に柔軟性を付与している。
3) 防水形ポリマーセメント系複層仕上塗材（防水形複層塗材CE）
　主材の結合材としてセメントを用い,これに伸び能力の大きいセメント混和用ポリマーディスパージョンを混合したもので,伸縮性があり,下地に発生するひび割れに対する被覆能力が大きく,雨水など外部からの水に対し,遮断効果が大きい。また,耐候性を付与した耐候形については,そのグレードによって,耐候形1種,耐候形2種および耐候形3種に区分されている。

用途

建築基準法改正とJIS改正に対応した仕上塗材

　建築基準法は,2003年7月1日に規制対象材料を居室に使用する場合に,**表2**に示すように,ホルムアルデヒド発散速度0.005mg／m^2h以下の材料以外は,使用制限を受けるように改正・施行された。建築基準法で規制対象となる仕上塗材は,内装薄塗材（樹脂リシン,じゅらくなど）,内装厚塗材E（樹脂スタッコなど）,軽量塗材（バーミキュライト吹付けなど）,複層塗材E（アクリルタイルなど）および防水系複層塗材E（弾性タイルなど）の5種類となっている。

表2　建築材料の区分

ホルムアルデヒド発散速度（温度28℃,湿度50%）	告示で定める建築材料		大臣認定を受けた建築材料	内装仕上げの制限
	名称	対応規格		
<0.12mg/m^2h	第1種ホルムアルデヒド発散建築材料	―		使用禁止
0.02mg/m^2h<　≦0.12mg/m^2h	第2種ホルムアルデヒド発散建築材料	F☆☆（JIS, JAS）	第20条5第2項認定	使用制限
0.005mg/m^2h<　≦0.02mg/m^2h	第3種ホルムアルデヒド発散建築材料	F☆☆☆（JIS, JAS）	第20条5第3項認定	
≦0.005mg/m^2h		F☆☆☆☆（JIS, JAS）	第20条5第4項認定	制限なし

　建築基準法改正に伴い,JIS A 6909も2003年に改正し,「ユリア樹脂,メラミン樹脂,フェノール樹脂,レゾルシノール樹脂およびホルムアルデヒド系防腐剤のいずれをも使用していないこと」が品質に加えられた。JIS表示認定製品には,仕上塗材の種類にかかわらず,ホルムアルデヒドの発散等級（表2参照,建築基準法の発散等級と同義）を表示することが義務付けられている。
　ポリマーセメント系仕上塗材は,建築基準法改正で規制対象となっていないが,JIS表示認定製品の場合には,ホルムアルデヒドの放散等級表示が義務付けられている。仕上塗材の開発は,JIS A 1901（小形チャンバー法）

の制定により、さらにVOC低減（volatile organic compound：揮発性有機化合物）が求められるであろう。

石材調仕上塗材（軽量骨材仕上塗材）

バブル崩壊直後の建設時には、石材よりも単価が低く、あらゆる造形に対応できる石材調仕上塗材が多く用いられた。石材調仕上塗材は、合成樹脂エマルションなどの結合材とけい砂、寒水石（寒水砂）、陶磁器質砕粒、軽量細骨材などの骨材を主原料とし、これに無機質粉体、着色剤、混和材料などを混合したもので、ポリマーセメント系の一種と考えられる。**写真❶**に、石材調仕上塗材の表面テクスチャー（御影石調）の例を示す。このほか、砂岩調や大理石調などさまざまな仕上げがある。

この工法は、主に内外装仕上げに用いられ、厚さ3～5mm程度の吹付け、こて塗り施工で行われている。石材調仕上塗材の品質に関しては、2002年に日本建築仕上材工業会で、NSKS-011（石材調仕上塗材）の品質規準が制定されている。石材調仕上塗材は、多様な意匠性と簡易な施工性を併せ持つ有効な材料といえる。

調湿形内装仕上塗材（薄付け仕上塗材・厚付け仕上塗材）

近年、「環境」をキーワードにした材料が注目されている。けいそう土は、調湿性をもつ材料として、仕上塗材にも利用されている。けいそう土を配合した内装仕上塗材は、多種多様の結合材を使用している。そのため、けいそう土を冠したJISの材料区分が困難であり、2003年改正のJIS A 6909で、新たに調湿性を有する材料に「調湿形」という性能表示の区分が採用・表示されることになった。

けいそう土仕上塗材は、けいそう土、セメント、石灰、有機または無機繊維、無機質粉体、骨材、再乳形粉末樹脂、合成樹脂エマルションなどからなる。この塗材は、内外壁や天井に使用され、厚さ1～10mm程度の平滑および凹凸状に、吹付け、ローラー塗りおよびこて塗り施工で仕上げる。

けいそう土が配合されている製品には、ポリマーが多く用いられている。その目的は、ポリマー自体を結合材として使用する場合やひび割れ防止、性能向上など、製品によってさまざまであるが、現代の施工状況やユーザーニーズに合わせた材料の改質に使用されていると考えられる。現在では、結合材にポリマーを使用した

写真❶石材調仕上塗材のテクスチャー

けいそう土を配合した仕上塗材も上市されており，ほかの結合材を使い，けいそう土を配合した仕上塗材と同等の調湿性能を有していることが確認されている。**図1**に，調湿形内装仕上塗材の調湿性能を示す。湿度を繰り返し変化させても，調湿効果が継続されていることがわかる。

調湿形仕上塗材には，けいそう土の吸着効果が期待されている。**図2**に，JISの小型チャンバー試験による合板と合板＋調湿形内装仕上塗材のホルムアルデヒド放散速度を示す。調合によって異なるが，調湿効果と同様に，ポリマーを混入しても，けいそう土を含有する内装仕上塗材は，ホルムアルデヒドの吸着効果が認められる。**写真❷**に，内装仕上塗材の施工状況を示す。

仕上塗材におけるポリマーは，意匠性や施工性改良に寄与している。

【参考文献】
1) 山田康義・鈴木 光・三原 斉・富永 萌・吉田一帆：珪藻土を添加した無機質塗材の吸湿性に関する研究，日本建築仕上学会大会学術講演会研究発表論文集，日本建築仕上学会，2004，p20
2) 永井香織・市原秀樹：漆喰を施した場合のアルデヒド類およびVOCの低減硬化，日本仕上学会大会学術講演会研究発表論文集，日本建築仕上学会，2003，p36

写真❷ 調湿形内装仕上塗材の施工例

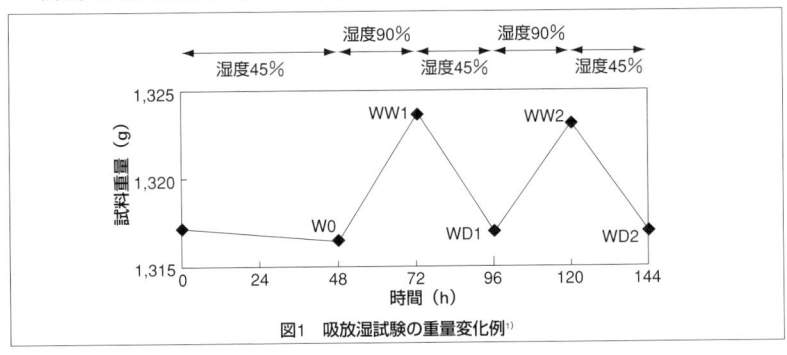

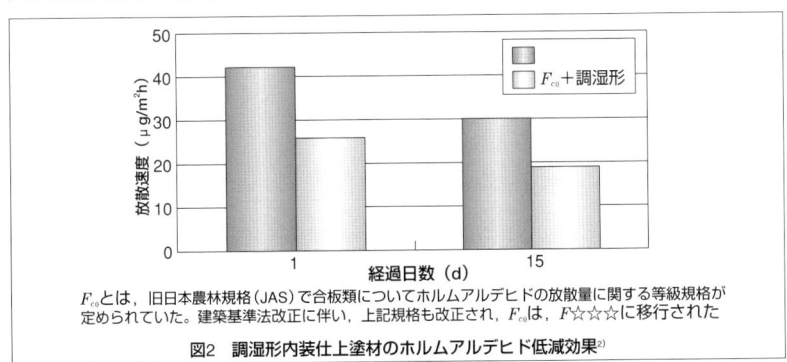

図1 吸放湿試験の重量変化例[1]

F_{c0}とは，旧日本農林規格（JAS）で合板類についてホルムアルデヒドの放散量に関する等級規格が定められていた。建築基準法改正に伴い，上記規格も改正され，F_{c0}は，F☆☆☆☆に移行された

図2 調湿形内装仕上塗材のホルムアルデヒド低減効果[2]

タイル張り用接着材

タイル張り用接着材の概要

　タイル張り（石張り）工事に使用されるコンクリート・ポリマー複合体材料としては，主に外壁タイル張りに使用されるポリマーセメントモルタルと内外装のタイル張りや石張りに使用される有機系接着剤が挙げられる。以下に，それぞれの現状について紹介する。

用 途

外壁タイル張り用ポリマーセメントモルタル

　外壁タイル張り用ポリマーセメントモルタルは，公的機関で監修された各種仕様書にも明記され，広く認知されている。国土交通省大臣官房庁営繕部監修「公共建築工事標準仕様書（建築工事編）」（平成19年度版）では，左官材料と同様に，ポリマーセメントモルタルの調合として，ポリマー混和剤の使用量がセメント質量の5％（全固形分換算），すなわち，ポリマーセメント比5％程度と記されている。また，日本建築学会発行「建築工事標準仕様書・同解説　JASS19　陶磁器質タイル張り工事2005」には，コンクリート下地へのタイル張り用接着剤に，ポリマー混和剤の必要性が明記されている。

　使用されるポリマーの種類は，現在，エチレン酢酸ビニル（EVA）エマルション，ポリアクリル酸エステル（PAE）とその共重合体エマルションおよびスチレンブタジエンゴム（SBR）ラテックスが中心である。

　最近では，セメント，骨材，粉末状混和剤などの粉体に，ポリマーディスパージョンと水を加えて練り混ぜるという施工時の煩雑さを考慮し，また，現場での監理面や廃棄物削減の観点から，再乳化形粉末樹脂を混入した一材形の既製調合材料が主流になりつつある。再乳化形粉末樹脂は，当初，再乳化性やコスト面などに問題があったが，最近では粉末化などの生産技術の向上によって，ポリマーディスパージョンを使用したポリマーセメントモルタルと比較しても遜色のないコストパフォーマンスを有した製品が市場に定着している。

　しかし，昨今の厳しい市況における建設コストの削減により，タイル張り用ポリマーセメントモルタルが広く普及するに至っていないのが現状である。外装タイルの現場張り市場におけるタイル張り用ポリマーセメントモルタルの使用割合は，多くても10％程度と推測される。また，現在，材料の評価基準が明確にされていないことも広く普及しない原因の1つと考えられることから，JISなどの公的規格を整備するとともに，今後の汎用化のために，「コンクリート・ポリマー複合体の施工指針（案）・同解説」[1]

などによるユーザーに対する啓蒙が必要である。

変形能を高めたタイル張り用ポリマーセメントモルタル

　一般に，外壁タイル張り施工に用いられているセメント系タイル張付け用モルタルは，強固な硬化体と接着力により躯体やタイルとの一体化を図っていると考えられる。しかし，タイル張付け用モルタルとコンクリート間に生じるディファレンシャルムーブメントの緩和が十分にできずに，特にタイル直張り工法の場合には，故障の要因をはらんでいると考えられる。

　近年，ディファレンシャルムーブメントを緩和するためには，低い弾性係数のモルタルを採用することが有効であるという観点から，これまでタイル張付け用モルタルとして用いられているポリマーセメントモルタルの機能を高め，コンクリート下地の挙動に追従可能な弾性を有するタイル張付け用モルタルの開発が行われている。

　タイル張り（石張り）工事用コンクリート・ポリマー複合体材料の新技術として，タイル直張り工法が潜在的に抱えているはく落危険性を低減させる，軟らかく接着性に優れたタイル張り用特殊軽量モルタルや変形能を高めたタイル張付け用ポリマーセメントモルタルが実用化されている[2)3)]。

　ポリマーセメントモルタルは，ポリマーセメント比の増加に伴い，スキニング（皮張り）現象が起こりやすく，タイル張付け材として使用する場合には，タイルの接着が阻害される危険性がある。また，タイル張付け材として良好な施工性を有していない場合には，タイルのずれや張付け材のだれが生じるなど，張付け用ポリマーセメントモルタルとタイルや下地との接着性を阻害する要因となる。そのため，タイル張付け材としてのポリマーセメントモルタルは，硬化後の性能と併せてタイル張りの施工性のよさが要求される。

　従来は，単純にポリマーセメントモルタルのポリマーセメント比を高くし，伸び能力を高めて性能を向上させることによって，タイル張付け材としての実用化が研究されてきたが，良好な施工性が得られず，コストパフォーマンスが悪いものであった。実用化された技術では，軽量骨材や特殊混和材な

写真❶軸方向ひずみ試験（左:試験前，右:試験後）

どを混入して密度を小さくし，弾性係数を低減することで，変形能を高めると同時にタイル張り施工性も高めている。

なお，タイル施工時の変形能は，**写真❶**に示す試験体を用い，軸方向ひずみ試験による検証が行われている。各種タイル張付け材の軸方向ひずみ追従性の一例を**図1**に示す。

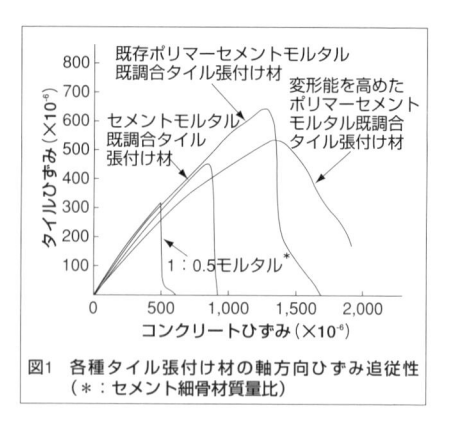

図1 各種タイル張付け材の軸方向ひずみ追従性
（＊：セメント細骨材質量比）

内外装のタイル張りおよび石張りに使用される有機系接着剤

タイル張りおよび石張りに使用される有機系接着剤は，従来，内装用が中心であり，JIS A 5548:2003（陶磁器質タイル用接着剤）に該当する内装用のタイル張り用接着剤として，SBRラテックスやPAEエマルションを用いた製品が広く普及している。また，内装の石張りを行う際，シリコーン樹脂などの接着剤が一部使用されてきた。

有機系接着剤による外壁タイル張り工法については，耐久性や防耐火性に関する客観的データが少なく，一般的には実施されていなかったが，接着剤製造技術の発展によって，「弾性接着剤」と呼ばれる接着剤が出現してから，タイル張り外壁の補修工事に利用されるようになり，独立行政法人建築研究所（旧建設省建築研究所）では，官民連帯共同研究「有機系接着剤を利用した外装タイル・石張りシステムの開発」（平成5～7年度）を実施している。その成果は，旧建設大臣官房技術調査室監修「建設省官民連帯共同研究，有機系接着剤を利用した外装タイル・石張りシステムの開発」に報告され，国土交通省大臣官房官庁営繕部監修「建築改修工事共通仕様書」（平成16年版）では，タイル部分張替え工法用材料として採用されている。住宅の外装タイル張りに有機系接着剤が利用されている例もあり，既に10年以上の実績がある。これらの有機系接着剤は，エポキシ樹脂，ポリウレタンおよびシリコーン樹脂を単独で用いた製品である。このほか，**図2**と**図3**に示すように，変成シリコーン樹脂とエポキシ樹脂とを組み合わせた新しい技術も採用されており，長期耐久性の確認や現場での使用実績の蓄積に伴い，注目すべき材料になるであろう。

今後の動向

タイル張付け用接着材は，近年のコスト重視の市場環境と材料性能の認識の薄さから，現場で重要視されない場合も見られるが，特に，外装タイ

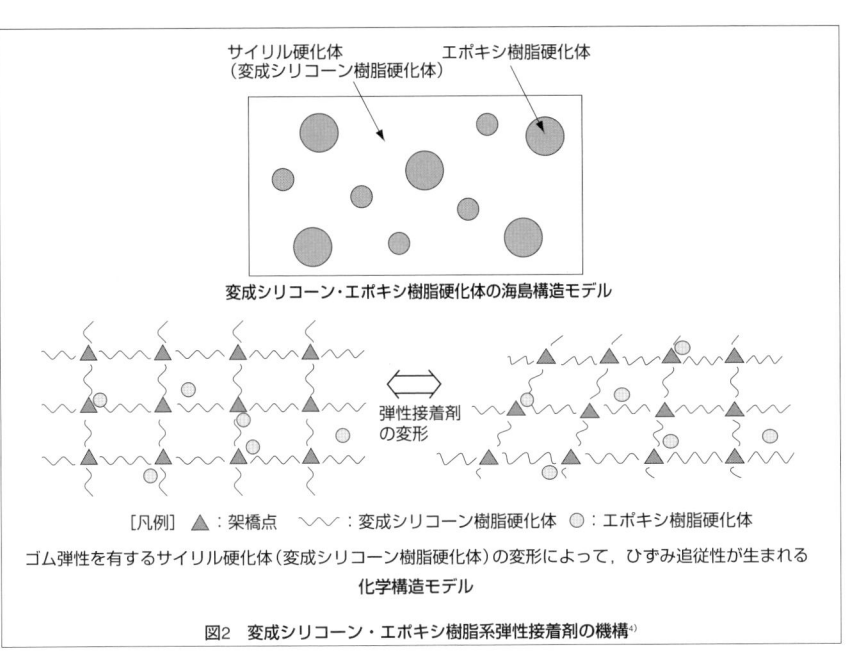

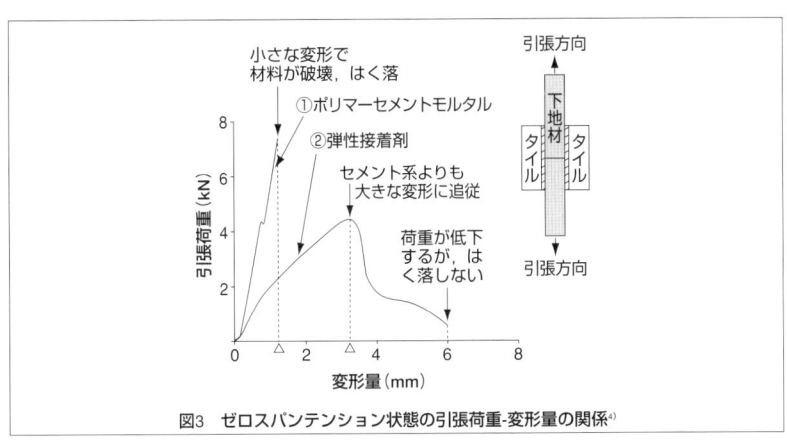

図2 変成シリコーン・エポキシ樹脂系弾性接着剤の機構[4]

（図中テキスト）
サイリル硬化体（変成シリコーン樹脂硬化体）
エポキシ樹脂硬化体
変成シリコーン・エポキシ樹脂硬化体の海島構造モデル
弾性接着剤の変形
[凡例] ▲：架橋点　〜〜：変成シリコーン樹脂硬化体　○：エポキシ樹脂硬化体
ゴム弾性を有するサイリル硬化体（変成シリコーン樹脂硬化体）の変形によって，ひずみ追従性が生まれる
化学構造モデル

図3 ゼロスパンテンション状態の引張荷重-変形量の関係[4]

（図中テキスト）
小さな変形で材料が破壊，はく落
①ポリマーセメントモルタル
②弾性接着剤
セメント系よりも大きな変形に追従
荷重が低下するが，はく落しない
引張荷重(kN)　変形量(mm)
引張方向　下地材　タイル　タイル　引張方向

ル張りに関しては，人命に影響を及ぼしかねない，はく離・はく落事故を防止するため，優れた性能を有する材料によるタイル張り施工の普及が望まれる。

【参考資料】
1) 日本建築学会編：コンクリート・ポリマー複合体の施工指針（案）・同解説，2001.10
2) 名知博司ほか：日本建築学会大会学術講演梗概集A-1材料施工，pp.1049-1058，1999.7
3) 飯塚 泉ほか：日本建築学会大会学術講演梗概集A-1材料施工，pp.523-524，2001.7
4) タイル外壁研究会：いつまでも美しく安全な外壁仕上げのために，p.5，1999

第2章　タイル張り用接着材　63

塗床材

塗床材の概要

　　建築部位の中でも，床は，使用条件が厳しく，重量車両の走行，多様な作業，消毒剤などの各種薬品の接触，熱水の接触など，使用目的に応じてあらゆる負荷がかかる。塗床材は，こうした厳しい条件に対応する仕上材として，特に工場や作業場用の床材としての評価が高く，一般的に使用されている。床材として最も多用されるのが，ポリマーモルタルをはじめとするコンクリート・ポリマー複合体である。

　　塗床材の仕様は，もっぱら防塵が目的である塗厚0.2～0.3mm程度の液状レジンの薄膜仕様から，主流である塗厚1～4mmのポリマーモルタルの仕様，塗厚6mm以上のポリマーコンクリートの仕様がある。液状レジンの種類は，エポキシ樹脂，ポリウレタンおよび不飽和ポリエステル樹脂が古くから知られており，速硬性を特長としたメタクリル樹脂，耐薬品性に優れたビニルエステル樹脂も広く使用されている。

　　これらの塗床材の欠点は，スチレンやメタクリル酸メチルなどの揮発性で特有の臭気を持つ有機物を，環境へ放出する場合があることである。最近では，臭気が嫌われる傾向が増しており，臭気の少ない塗床材が注目を集めている。臭気が少ないだけでなく，食品工場における熱水や蒸気による洗浄などの負荷にも強い水系の液状ポリマー混入ポリマーセメントモルタルや，耐薬品性が良好，かつ速硬性で臭気が少ない，非スチレン形ビニルエステル樹脂のポリマーモルタルが，環境への影響が少なく，性能バランスに優れた新しい材料として使用され始めている。

用途

塗床材用ポリマーセメントモルタル

　　通常のポリマーディスパージョンまたは再乳化形粉末樹脂を使用するポリマーセメントモルタルは，ポリマー成分は化学反応を起こさず，セメントの水和反応で硬化するものが多い。これに対して，塗床材用ポリマーセメントモルタルは，セメントの水和反応とポリマーの硬化反応が同時に進行し，硬化体を形成するタイプが主流であり，ポリマーセメント比で30～60%という多量のポリマーを含むため[1]，ポリマーの特性が顕著に現れる。すなわち，耐薬品性が良好で柔軟性を有し，下地コンクリートへの接着性が極めて良好であるという特長を持つ。一方，セメント硬化体の特性も持つため，高温での物性低下が小さい。このため，こうした特性が特に要求される食品工場の床として，その性能が適しているので，近年，注目を浴

図1 エポキシ樹脂系ポリマーセメントモルタルと
メタクリル樹脂系ポリマーモルタルの圧縮強度の温度依存性

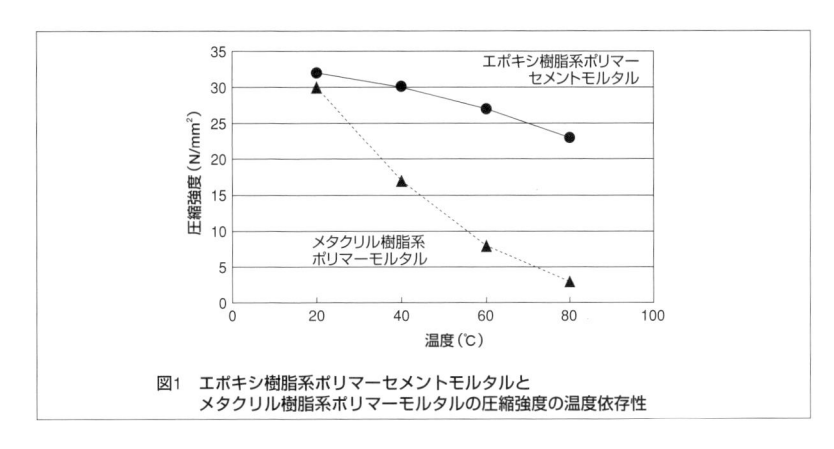

びている。図1に，塗床材用エポキシ樹脂系ポリマーセメントモルタル（ポリマーセメント比35％）の圧縮強度の温度依存性を，メタクリル樹脂系ポリマーモルタルと比較して示す。

塗床材用ポリマーセメントモルタルに使用される液状レジンは，ポリウレタンが最も多い。材料としては古くから知られており，わが国では，1969年に広範囲な研究報告がなされている[1]。塗床材として最初に実用化したのは，英国のICI（Imperial Chemical Industries）社で，わが国にも導入され，ここ3～4年で工事件数が増加している[2]。また，エポキシ樹脂を使用した製品も，近年上市されている。

塗床材用ポリマーセメントモルタルは，通常，三成分から構成されている。第一成分は液状レジンで，ポリオール成分またはエポキシ成分を水に分散したエマルションである。第二成分は硬化剤で，イソシアネート成分またはアミン成分である。第三成分は，セメント，骨材などを含んだ粉体成分である。粉体成分は，液状レジンの硬化速度とのバランスを考え，セメント成分が調整されており，指定された材料以外の使用は難しい。以上の三成分を現場で練り混ぜて，ただちに施工する。

プライマーは，必要としない場合と，製品によっては専用のものを使用する場合がある。通常の下地であるコンクリートへの接着は，一般に非常に良好であるが，硬化収縮による塗床材用ポリマーセメントモルタルの反りを押さえるために，下地に多数の切込みを入れる必要がある製品もある。

硬化時間は，一般に6～10h（時間）であり，使用が可能になるまでに24～36hを要する。硬化は，低温時には遅くなり，高温時には速くなる。

塗厚は，一般に4～9mmである。仕上げは，平滑仕様のほか，防滑性を重視して表面に骨材の凹凸を残す仕様がある。トップコートは，使用しない場合が多い。塗床材用ポリマーセメントモルタルは，食品関連の床に使用されるが，特に，熱水を多用し，機械的負荷もかかる回転釜周辺部など

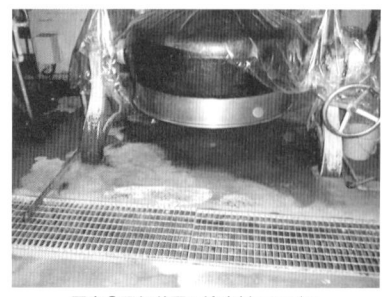

写真❶回転釜下の塗床材のはがれ

写真❷エポキシ樹脂系ポリマーセメントモルタルの施工例（施工状況）

写真❸エポキシ樹脂系ポリマーセメントモルタルの施工例（完成）

に適している。この用途では，水密性と耐酸性の劣る無機系材料は向かず，また，従来のエポキシ樹脂系，メタクリル樹脂系などの有機系ポリマーモルタルは，**写真❶**に見られるように，耐熱水性の不足から，はがれ，浮きなどの不具合の発生がしばしば認められる。**写真❷**と**❸**には，塗床材用エポキシ樹脂系ポリマーセメントモルタルの釜下部位の施工例を示す。

塗床材用非スチレン形ビニルエステル樹脂系ポリマーモルタル

　ビニルエステル樹脂は，耐薬品性や耐熱水性に優れることから，コンクリートの防食材料として多くの実績を持つ。この樹脂は，歴史的にFRP工法で施工されてきたが，近年，骨材を混合してポリマーモルタルとした塗床工法も製品化されている。

　ビニルエステル樹脂は，架橋剤として含まれるスチレンに由来する，作業時の臭気が大きな課題である。特に，工場の改修工事の場合は，操業しながら一部を改修する場合も珍しくなく，作業者ばかりでなく，工場の関係者への影響，食品やダンボール箱への臭気の付着などが問題となる。そこで，スチレンの代わりに臭気の少ない架橋剤を用いた，非スチレン形ビニルエステル樹脂系ポリマーモルタルを使用した塗床材が，近年，上市され始めた。低臭性架橋剤としては，蒸気圧が小さく，臭気に嫌悪感がないビニル化合物が使用される。最も多く使用されるのは，ジシクロペンタジエン骨格を持つメタクリル酸エステル[3]で，それ以外のメタクリル酸エステルの使用も提案されている。臭気の原因となる揮発成分の減少効果を明確に示す一例として，施工時の塗床材の質量変化が少ないことが挙げられ

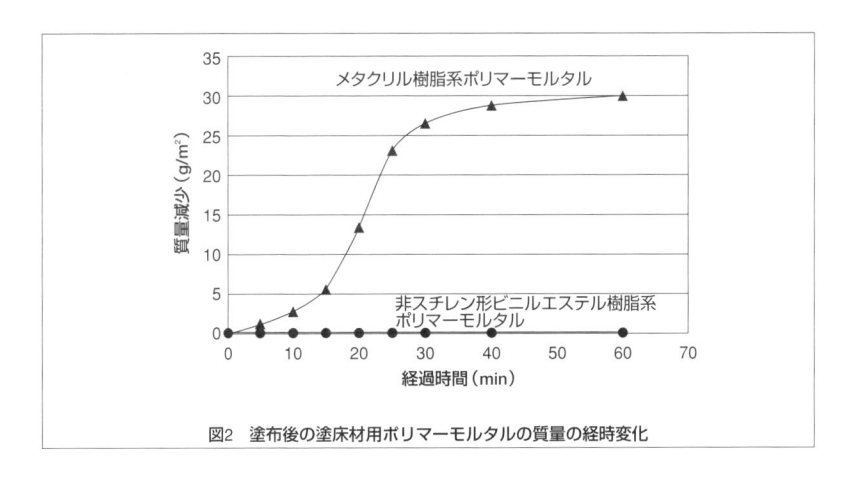

図2 塗布後の塗床材用ポリマーモルタルの質量の経時変化

る。図2に、スレート（ボード）上に塗布した、非スチレン形ビニルエステル樹脂系ポリマーモルタル（塗厚3mm）の質量変化を、塗床材用メタクリル樹脂系ポリマーモルタルとの比較で示す。

塗床用メタクリル樹脂系ポリマーモルタルでは、硬化反応に伴い、揮発成分が発散し、相当量の質量減少が起こるのに対して、塗床材用非スチレン形ビニルエステル樹脂系ポリマーモルタルでは、質量減少がほとんど起こらない。

塗床材用非スチレン形ビニルエステル樹脂系ポリマーモルタルは、その低臭性から、特に、食品関連施設の改修工事に適している。この用途は、速硬性と耐薬品性の点で、塗床材用メタクリル樹脂系ポリマーモルタルが最適とされてきた。

従来の塗床材用非スチレン形ビニルエステル樹脂系ポリマーモルタルは、速硬性でメタクリル樹脂系に劣り、施工条件が限定されていたが、最近では、メタクリル樹脂系と変わらない速硬性の製品も開発されている。

塗床材用非スチレンビニルエステル樹脂系ポリマーモルタルは、耐熱水性に優れることから、前述の食品工場の回転釜周辺にも施工される場合がある。ただし、熱水を流すと同時に台車通行などの荷重のかかる作業を行う場所では、前述のポリマーセメント比の高いポリマーセメントモルタルの方が適していると考えられる。

【参考文献】
1) 大濱嘉彦：ポリマーセメントモルタル技術資料,情報開発, pp.45-47,1988
2) 池田 学・内田昌宏：塗り床材の耐熱衝撃性に関する実験的研究, 日本建築学会大会学術講演梗概集A-1材料施工, 2004.8
3) 日本特許2857471：硬化性樹脂組成物, 1998.11.27.

ポリマーセメント系塗膜防水材

ポリマーセメント系塗膜防水材の概要

　　ポリマーセメント系塗膜防水とは、セメント系粉体とポリマーディスパージョンを混合して塗布を行い、水和反応、乾燥および下地への吸水によって硬化させた、伸び能力のあるモルタル塗膜による防水である。

　　防水材の多くには、アスファルトが主に用いられてきた。現在も、アスファルトを用いた防水材が主流であるが、改修工事の増加や使用される部位の多様化、環境問題（臭気発生、CO_2およびVOC削減）、耐久性、景観性、作業性などの要求性能に合わせて、熱アスファルト工法以外に、シート防水、塗膜防水、複合防水など多くの防水工法が普及している。これらの防水工法のうち、塗膜防水に用いられるポリマーセメント系塗膜防水材は、水系であり、溶剤を含まず、火気の危険がないので、最近のニーズに合った、安全性が高い環境配慮型材料として注目されている。

　　ポリマーセメント系塗膜防水材は、乾燥と水和凝固機構による比較的速い硬化性、湿潤下地に対する施工性、塗膜の伸び能力による下地ひび割れやムーブメントに対する抵抗性などの優れた性能を有している。通常のポリマーセメントモルタルは、セメントモルタルの接着性、防水性、耐ひび割れ性などの改善を目的とした剛性材料であるのに対して、ポリマーセメント系塗膜防水材は、防水や下地に対する追随性を目的とした伸び能力をもつ材料である。これは、ポリマーディスパージョンをセメントの水和凝固によって改質したものということもでき、通常のポリマーセメントモルタルとは異質の材料である。

　　ポリマーセメント系塗膜防水材の最近の動向を挙げると、次のとおりである。
① ポリマーディスパージョンのさらなる環境対策として、ホルムアルデヒド、アルキルフェノール系界面活性剤などを含有しない製品の開発
② トップコートおよびプライマーの水系化による完全無溶剤化
③ ポリマー改質による耐久性の向上
④ 再乳化形粉末樹脂添加による一材型製品の開発
⑤ 包装材のリサイクル化による環境対策

　　ポリマーセメント系塗膜防水に関する最近の研究としては、「ポリマーセメント系塗膜防水の施工数量と適用部位別の使用実態調査」「ポリマーセメント系材料の物性調査」「ポリマーセメント系塗膜防水材の耐疲労性に及ぼす各種劣化の影響」「ポリマーセメント系塗膜防水材の硬化過程と構造」および「ポリマーセメント系塗膜防水材料の疲労特性について」があり[1]、材料特性などが究明されるとともに、社会的認知も高まり、2006年には、

日本建築学会から,「ポリマーセメント系塗膜防水工事施工指針(案)・同解説」が発行されている[2]。

外国では,EUにおける本材料に関する動向として,EN (European Committee for Standardization)による「コンクリート構造物部位の保護と補修に関する規格」の標準化などがある。

特 性

ポリマーセメント系塗膜防水材は,水系で,前述した火気危険がなく,安全であること以外に,次の特徴がある。

①ポリマーセメント比が大きく,硬化モルタルの伸び能力が高いため,下地のひび割れに対する追随性がよい
②セメント系材料であるために,下地がある程度湿っていても施工できる
③耐水性および耐アルカリ性がよい
④コンクリート系下地への接着がよい
⑤こて塗り以外にも,吹付けやローラーばけによる施工も可能であり,複雑な形状の下地でも,簡単に施工できる

これらの特徴を達成するために,以下の調合設計が採られている。

ポリマーセメント系塗膜防水材料は,普通ポルトランドセメントおよびアルミナセメントからなる水硬性材料に,けい砂,石粉,クレー,繊維などを配合した粉体材料とポリマーディスパージョンを混合し,塗布して使用する材料である。ポリマーディスパージョンとしては,ポリアクリル酸エステル系エマルション,エチレン酢酸ビニルエマルション,スチレンブタジエンゴムラテックスなどが用いられている。

調合の特徴は,通常のポリマーセメントモルタルがポリマーセメント比約10%程度であるのに対して,ポリマーセメント比が約100%以上のものが多い。したがって,ポリマーディスパージョンの粒子径やポリマーのガラス転移温度(Tg),分子量,官能基の有無などの特性が塗膜に及ぼす影響が大きく,ポリマーの選定が重要になってくる。

ポリマーセメント比が大きいことのほかに、塗膜の伸び能力は,ポリマーの硬さの指標ともいえるガラス転移温度に影響されるところが大きい。伸び能力を大きくするため,ガラス転移温度が0℃以下の比較的低いポリマーが使用される場合が多い。このような材料設計によって,塗膜は,伸びがあり,下地ひび割れやムーブメントに追随できる特性を発揮する。

一般に,屋上などのムーブメントが大きい部位には,塗膜の伸び能力が大きいことが必要であり,地下水槽などで耐水性が要求される場合は,伸び能力より強度を重視した材料が必要となる。これらの要求性能に応じて,日本建築学会の「ポリマーセメント系塗膜防水工事施工指針(案)・同解

説」では，防水層の種別をAタイプ（比較的動きの大きい地上部位に適用）とBタイプ（比較的動きの少ない地下・水槽部位に適用）とに分類し，それぞれのタイプに応じた試験方法および品質基準を定めている。表1には，ポリマーセメント系塗膜防水材の品質基準を示す[2]。

表1 ポリマーセメント系塗膜防水材の品質基準[2]

項　目			Aタイプ	Bタイプ
引張強さ（N/mm²）			0.6以上	1.0以上
破断時の伸び率（％）			100以上	30以上
ゼロスパンテンション伸び量（mm）	標　準		2.0以上	1.0以上
	劣化処理後	加熱処理	1.5以上	—
		アルカリ処理	1.5以上	1.0以上
付着強さ（N/mm²）	標準		0.5以上	0.7以上
	湿潤下地		0.5以上	0.7以上
	劣化処理後	加熱処理	0.5以上	—
		アルカリ処理	0.5以上	0.7以上
		浸水処理	0.5以上	0.7以上
透水性			透水量0.5g以下，かつ漏水がないこと	透水量0.5g以下，かつ漏水がないこと

施工法

ポリマーセメント系塗膜防水材の施工は，粉体材料と液体材料を混合して塗布することによって，比較的簡単に行える。既調合粉体材料と液体材料を所定配合比で，手動式かくはん機などで混合して、通常のモルタルと同様，こて塗り，ローラーばけ塗り，吹付けなどで塗布する。各部位に合わせて、補強布で補強したり，塗工回数，塗工厚などを調整して施工を行う。図1に，標準的な施工工程を示す。

用途

ポリマーセメント系塗膜防水材は，水系で，溶剤や火気を使用せず，安全性が高いため，密閉された室内，地下などの施工に適している。主な用途は，屋外ではベランダ，屋根，バルコニー，パラペット，サッシまわり，斜壁など，屋内では，浴室，トイレ，厨房，OAフロアーなど，地下では，地下内壁，地下外壁など，水槽では受水槽，防火水槽，雑排水槽などである。

その他，塩害や中性化抑止目的にコンクリート構造物の表面塗布工法などにも使用されている。

日本建築学会のポリマーセメント系塗膜防水小委員会の2002年調査報告では，施工面積が新築工事で400万m²（出荷量8,200t），改修工事で330万m²（出荷量7,400t），合計730万m²（出荷量15,600t）の施工実績が確認されている[1]。写真❶から写真❹に，主な施工例を示す。

図1　標準的な施工工程（地下外壁防水工事などでは，吹付け塗装を行う場合もある）

- **下地清掃・処理**
  ごみ清掃，ひび割れ，浮き，欠損部，不陸，脆弱部をポリマーセメントモルタルで補修処理する
- **プライマー塗布**
  プライマーをローラーばけ，はけなどで均一に塗布する
- **材料調合・練混ぜ**
  所定配合比の粉体材料と液体材料をかくはん機で均一に混合する
- **補強処理**
  ドレンまわり，出隅，入隅，打継ぎ部，ムーブメントの大きな部位などに補強布を張る
- **防水材塗布**
  防水材をこて，ローラーはけなどですり込み塗りして，所定の膜厚になるように塗り重ねる
- **保護・仕上げ材塗布**
  防水材塗布・養生後，トップコートを塗布する
- **工事検査**
  工事完了後，性能・機能維持の検査を行う

写真❶屋上工事（写真提供：大日化成㈱）

写真❷ベランダ工事（写真提供：大関化学工業㈱）

写真❸地下水槽工事（写真提供：㈱イーテック）

写真❹地下外壁工事（写真提供：大関化学工業㈱）

【参考文献】
1) 土田恭義ほか：特集　ポリマーセメント系塗膜防水の現状，防水ジャーナル，No.370，pp.70-88，2002.9
2) 日本建築学会編：ポリマーセメント系塗膜防水工事施工指針（案）・同解説，2006.11

鉄筋コンクリート用防食材

鉄筋コンクリート用防食材の概要

　コンクリートは，通常の環境下では安定な材料であり，屋外で風雨にさらされる環境下でも，長期にわたって浸食されることなく供用される。ところが，酸をはじめとする特定の化学物質に浸食されやすいという弱点が，コンクリート構造物が広く普及するに従って，一部の用途で顕在化し，その対策が講じられるようになってきた。特に大きな問題となったのは，マンホール，管路施設，処理場などの廃水処理施設である。これらの施設では，塩素による腐食，熱腐食などもあるが，廃水が接触するコンクリート構造物全般にみられて問題視されている，最も顕著なものは，硫化水素による腐食である。腐食機構は，硫酸塩還元菌によって，硫酸塩から生成した硫化水素が，硫黄酸化菌によって硫酸に変化し，コンクリートを腐食するというものである。廃水への硫酸塩の混入は，一般的であり，建築物においても，商業ビル，病院，ホテルなどのばっ気槽，汚泥処理槽などでは，コンクリートの早期の腐食劣化がしばしば認められる。**写真❶❷**には，汚泥処理槽の劣化状況を示す。

　コンクリートを腐食（ここでは，「化学的浸食」の意味で用いる）から守るために一般的に採られる方法は，耐酸性の材料による表面被覆である。日本下水道事業団は，1987（昭和62）年に「コンクリート防食塗装指針（案）」を作成し，下水処理場の密閉されたコンクリート構造物内部には，タールエポキシ樹脂を塗装することとした。この指針では，その後，新材料の開発が進んだ背景もあり，耐久性などの品質向上を目指して，仕様や工法の拡充が推進されてきた。1997（平成9）年度の「コンクリート防食指針（案）」[1]では，薄膜の塗装だけではなく，補強材積層法や充填材を混合したポリマーペーストを用いて，数mm以上の被覆層を設ける方法である

写真❶ 汚泥処理槽の劣化状況

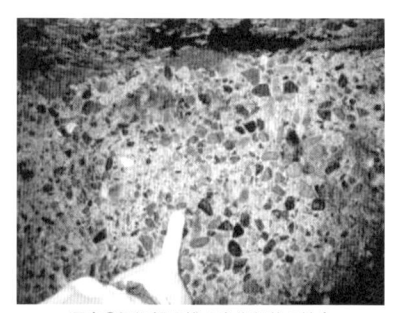

写真❷ 汚泥処理槽の劣化部分の拡大

「塗布形ライニング工法」という概念が示された。また，同指針（案）では，あらかじめ成形されたシート状の材料をコンクリート表面に張り付ける「シートライニング工法」が指定されており，この中には，ポリマーコンクリートのシートも含まれている。さらに，2002（平成14）年度の「下水道コンクリート構造物の腐食抑制技術及び防食技術指針・同マニュアル」（以下，「防食技術指針」）[2]では，塗布形ライニング工法の被覆材料が10種類に分類されている。

　反応性液状レジンを現場で硬化させて保護塗膜を形成させる塗布形ライニング工法では，比較的緩やかな腐食環境の場合は，エポキシ樹脂またはタールエポキシ樹脂を数回塗装する工法を，また，厳しい腐食環境の場合は，ガラスマットやガラスクロスを用いた積層工法，セラミック粉末やウイスカーを混合したポリマーペーストを使用して塗厚を0.3～数mmとした工法を適用する。

　ポリマーペーストに使用される充填材としては，セラミック粉末，ウイスカーのほかに，ガラスフレーク，体質顔料としての酸化チタンなどが用いられる。

　液状レジンの種類は，「防食技術指針」では，従来からのエポキシ樹脂，タールエポキシ樹脂，ビニルエステル樹脂，ポリウレタン，不飽和ポリエステル樹脂および変性シリコーン樹脂に加え，非スチレン系ビニルエステル樹脂，ポリウレア樹脂およびアクリル樹脂（アクリロイル変性アクリル樹脂）が新たに記載されている。このうち，ポリウレア樹脂およびアクリル樹脂では，これまでのライニング工法で一般的であったローラーばけまたはこてによる施工法は採らず，主に，作業性に優れた吹付け工法が適用される。

　塗布形ライニング工法では，保護塗膜を均一に欠陥なく塗装するために，あらかじめ躯体コンクリートの欠陥部の修復，役物まわりの処理，表面処理（レイタンス，ごみ，油脂類，エフロレッセンスなどの付着物をサンディング法またはサンドブラスト法によって除去する）および表面を平滑に調整する素地調整の工程が必要となる。断面修復材としては，各種ポリマーセメントモルタルまたはポリマーモルタル，無機系無収縮モルタルなどが使用される。素地調整材としては，エポキシ樹脂系などのポリマーセメントモルタル，各種パテ状ポリマーモルタルまたはポリマーペーストなどが使用される。

　成形材料を現場で躯体コンクリートに張り付けるシートライニング工法については，「防食技術指針」では，ビニルエステル樹脂系ポリマーコンクリートを埋設（永久）型枠として使用する工法が例示されている。この工法では，耐酸性に優れる液状レジンであれば，ビニルエステル樹脂以外の

液状レジン（不飽和ポリエステル樹脂，メタクリル樹脂など）でも，ポリマーコンクリート用結合材として同様に使用できる可能性がある。

塗布形ライニング工法は，現場の躯体コンクリート形状に合わせた施工が容易であることから，複雑な形状の躯体コンクリートや狭あい部への施工が比較的容易である。基本的にはシームレス（継目なし）であるので，目地部からの品質劣化がない，補修が容易な工法が多く，手直し工事や改修工事に適しているなどの特徴が挙げられる。

シートライニング工法は，継目部が弱点となるために，注意深く処理する必要があるが，均質で厚みのある保護層を確実に設けることができるので，耐久性に優れた工法と言える。適用できる躯体コンクリート形状が制限されるなどの難点はあるが，著しい腐食が予想され，容易に改修できない部位の新設工事などに使用される。

いずれの工法も，材料の特性としては，耐酸性のほかに，躯体コンクリートへの接着性，耐アルカリ性，防水性，躯体コンクリートのひび割れに対する追従性などが要求される。

用途

廃水処理施設の鉄筋コンクリートの防食

「防食技術指針」では，廃水処理施設の防食において，腐食環境の激しさに応じて，耐酸性能を中心に異なる品質規格を定めており，対応する工法規格をA種，B種，C種およびD種の4種に分類している。A種は，腐食環境が比較的緩やかな用途に，D種は，腐食環境が最も激しい用途に適用される。下水処理施設では，A種は常に液相と接する箇所など，B種は調整池や雨水沈殿池など，C種またはD種は水路内や汚泥処理施設などに適用される。建築物の除害設備やばっ気槽なども，腐食環境が厳しいため，C種またはD種が適用される。塗布形ライニング工法は，4種それぞれが設定されており，シートライニング工法は，D種だけである。

写真❸には，除外槽へビニルエステル樹脂を用いた塗布形ライニング工法を適用した例，**写真❹**には，廃液処理槽に，また，**写真❺**には，工場ばっ気槽にポリウレア樹脂を用いた塗布形ライニング工法を適用した例を示す。

防食材料としては，年々環境負荷の少ない材料を使用することが求められており，この点を重視した新しい材料が使われ始めている。例えば，ポリウレア樹脂は，一般的に，無溶剤であり，金属化合物などの触媒，かつて環境ホルモン作用を疑われて注目されたフタル酸エステルなどの可塑剤を含まない。上水道施設の基準である，「厚生省令15号」の溶出試験に合格している材料もある。ビニルエステル樹脂は，揮発性のスチレンを使わない非スチレン形が注目されている。

エポキシ樹脂も劇物を含まない材料や，環境ホルモン作用の恐れが少ない材料への転換が進んでいる。

【参考文献】
1) 日本下水道事業団：コンクリート防食指針（案），(財)下水道業務管理センター，1997，6
2) 日本下水道事業団：下水道コンクリート構造物の腐食抑制技術及び防食技術指針・同マニュアル，(財)下水道業務管理センター，2002，12
3) Kenworthy, T.：100% Solids Polyurethane and Polyurea, Jounal of Protective Coatings & Linings, Vol.20, pp.58-63, 2003, 5

写真❸除害設備への施工例（ビニルエステル樹脂系塗布形ライニング工法）

写真❹廃液処理槽への施工例（ポリウレア樹脂系塗布形ライニング工法）

写真❺工場ばっ気槽への施工例（ポリウレア樹脂系塗布形ライニング工法）

表面改質用コンクリート・ポリマー複合体

表面改質用コンクリート・ポリマー複合体の概要

コンクリート表面の改質材料は，コンクリート表面に塗布することによって，コンクリート表層部に新しい機能を付与したり，コンクリート表層部を改質する材料である。ほとんどの改質材料は，コンクリート表面に塗布するだけで，その性能を発揮するため，施工が容易であることが特徴として挙げられる。「塗布含浸材に関する技術の現状及び施工指針（案）」[1]では，これらコンクリート表面改質材料を浸透性吸水防止材，浸透性固化材，ポリマー含浸材，ケイ酸質系塗布防水材，浸透性アルカリ付与材，塗布型防せい材，塗布型収縮低減材およびアルカリ骨材反応抑制材に分類している。

コンクリート表面改質材料は，吸水防止，塩害防止，アルカリ骨材反応の抑制，凍害防止，中性化防止，汚れ防止，白樺の発生抑制などの目的で年間1,500tも消費され，その施工面積は500万m^2以上に達し，また，その適用部位も，外壁，土木構造物，床，屋根，擁壁，ベランダなど多岐にわたることが報告されている[2]。

ここでは，浸透性吸水防止材および浸透性固化材の最近の話題を中心に紹介する。なお，浸透性アルカリ付与材および塗布型防せい材については「鉄筋コンクリート造補修用コンクリート複合体」，ポリマー含浸材については「プレキャスト製品」で紹介する。

用途

浸透性吸水防止材

浸透性吸水防止材は，施工が容易で，基材の外観を変化させることなく，吸水や透水を抑制することで外部からの水の浸入や塩化物イオン（Cl^-）の浸透を抑制することから，コンクリート構造物を保護する目的で使用される。浸透性吸水防止材は，1965年ころから使われ始め，主に建築物の外壁などに使用され，現在は40社以上の会社から販売されている[3]。浸透性吸水防止材は，シリコーン系，非シリコーン系および混合系に大別される。

シリコーン系浸透性吸水防止材は，塗布により含浸し，コンクリート表層部の空隙を充填することなく，疎水性保護層を形成する材料である。つまり，シリコーン系浸透性吸水防止材は，コンクリート表層部に，気体の透過性を残し，水を遮断する保護層を形成する材料である。

一方，非シリコーン系浸透性吸水防止材は，ケイ酸塩系化合物や合成樹脂系化合物が使用されることが多い。ケイ酸塩系浸透性吸水防止材は，ケ

イ酸のアルカリ金属塩を主成分とする水溶液で，コンクリート中の水酸化カルシウムと反応し，セメント水和物と類似したC－S－H系化合物の結晶を形成する。このC－S－H系化合物の結晶によって，コンクリート表層部の空隙が充填され，コンクリート表層部に水や二酸化炭素などの気体の不透過層を形成する。また，合成樹脂系浸透性吸水防止材も，コンクリート表層部の空隙を充填することで，水や気体の不透過層を形成する材料である。

混合系浸透性吸水防止材は，シリコーン系浸透性吸水防止材やケイ酸塩系浸透性吸水防止材，合成樹脂系浸透性吸水防止材を組み合わせて施工し，不透過層を形成する場合と，あらかじめシリコーン系化合物やケイ酸塩系化合物，合成樹脂系化合物を混合した一液型のものがある。

1）打放しコンクリートへの適用

浸透性吸水防止材は，コンクリートの素材感を損なうことなく，経年に伴う不具合現象の発生を抑制できるため，打放しコンクリート建物の長寿命化，意匠性保持のための保護材として用いられてきた[4]。最近は，環境問題意識の高まりや周辺地域に対する臭気などの問題から，水系製品の開発が進み[5]，新築だけでなく改修へも適用範囲が拡大している。

打放しコンクリート建物の長寿命化，意匠性保持のためには，浸透性吸水防止材を 5～7年の周期で再施工することが好ましい。また，浸透性吸水防止材と耐侯性のある合成樹脂（ポリマー）を組み合わせる複合工法にすることで，より耐久性を高め，再施工の間隔を10～15年にする方法[5] も使用される。複合工法の適用例を**写真❶**に示す。また，これらの複合工法においても，水系製品を組み合わせたものが開発されている。

さらに，最近，シリコーン系浸透性吸水防止材とアクリル樹脂やフッ素樹脂を併用して，シリコーンの持つ疎水性保護層による吸水防止効果と合成樹脂による表面保護効果を組み合わせ，より耐久性の優れた水性一液型保護材にも使用され始めている。その例として，**図1**と**表1**に，シリコーン・フッ素樹脂系浸透性吸水防止材の特徴と標準塗装仕様，また，**写真❷**に，適用例を示す。

写真❶浸透性吸水防止材複合工法の施工例[7]

写真❷シリコーン・フッ素樹脂系浸透性吸水防止材の適用例[4]

2) その他の基材への適用

浸透性吸水防止材は,打放しコンクリートの保護だけでなく,石材調外壁や外壁タイル面の保護にも使用され,専用グレードも販売されている[3), 9)]。タイル面の改修で,主に,目地部の吸水防止のために使用した例を**写真❸**[9)]に示す。また,**写真❹**[8)]のように,ブロック塀や住宅基礎部の美観維持および耐久性向上の目的でも使用される。

さらに,最近,浸透性吸水防止材が持つ基材の外観保持性,施工の簡便性,再施工性などから,道路や鉄道などの土木構造物のコンクリート保護材として注目されている。道路橋の地覆部および床板部にケイ酸塩系浸透性吸水防止材を施工した例を,**写真❺**に示す。土木学会では,2005年3月に「表面含浸材の試験方法(案)」[10)],2005年4月に「表面保護工法設計施工指針(案)」[11)]を作成しており,今後の展開が期待される分野である。

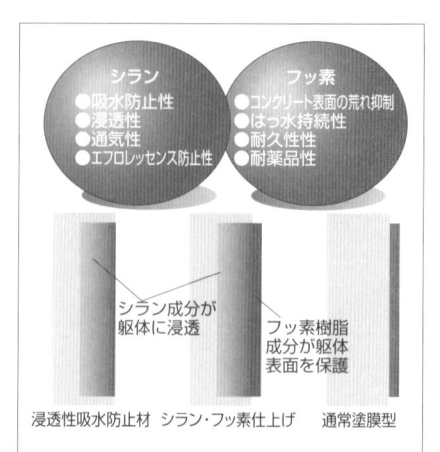

図1 シリコーン・フッ素樹脂系浸透性吸水防止材の特徴[4)]

表1 標準塗装仕様[4)]

工程	塗布量 (kg/m²)	施工間隔 (20℃)	塗布方法
1	0.08 ～0.10	追っかけ塗り ～1h以内	はけ,ローラー
2	0.08 ～0.10	20℃ 24h以上	はけ,ローラー

写真❸ タイル面への施工例[4)]

写真❹ 戸建住宅基礎部の適用例[8)](左:施工前/右:施工後)

写真❺ ケイ酸塩系浸透性吸水防止材の道路橋施工状況[10)]

浸透性固化材

浸透性固化材は，コンクリート表面に塗布するだけで，脆弱な基材に浸透し，骨材やセメント成分と物理的に結合することで基材を強化し，また，その上に施工する各種防水材あるいは仕上材との接着性を向上させる

写真❻ 浸透性固化材の施工[12]

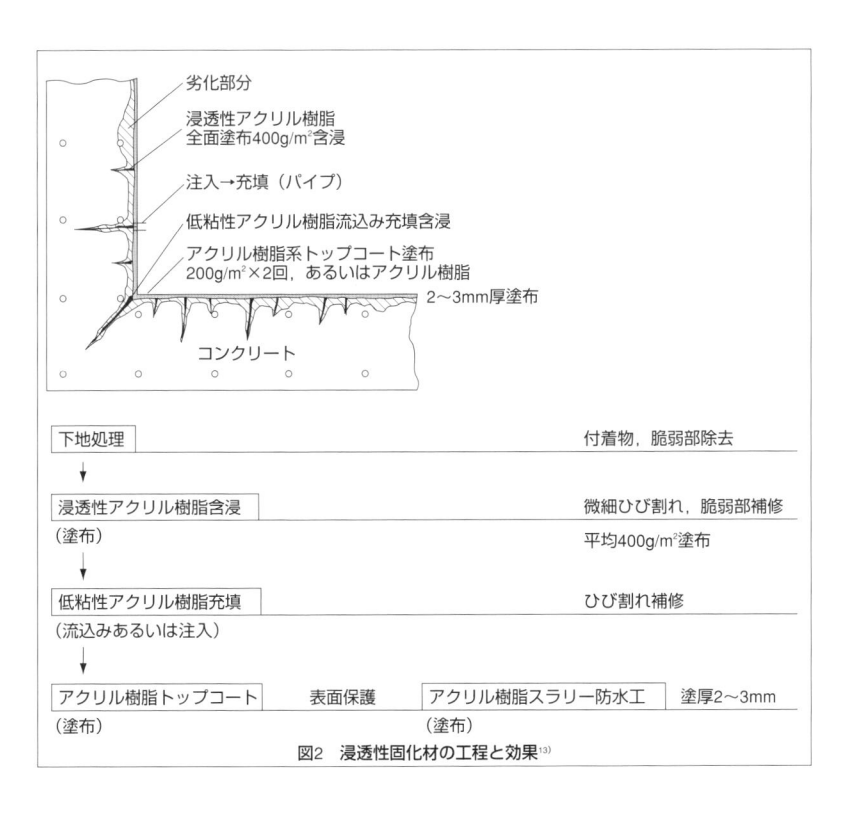

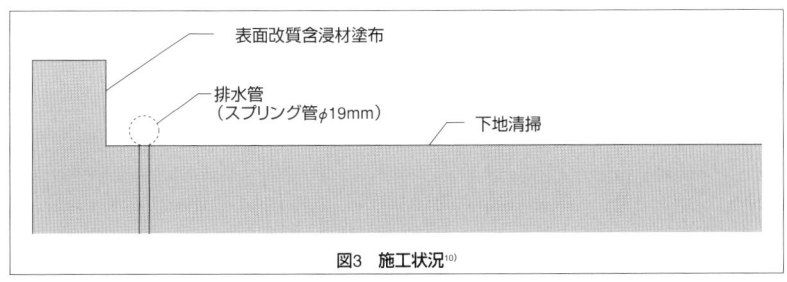

図中ラベル：
- 劣化部分
- 浸透性アクリル樹脂 全面塗布400g/m²含浸
- 注入→充填（パイプ）
- 低粘性アクリル樹脂流込み充填含浸
- アクリル樹脂系トップコート塗布 200g/m²×2回，あるいはアクリル樹脂
- 2～3mm厚塗布
- コンクリート

工程フロー：

工程	効果
下地処理	付着物，脆弱部除去
浸透性アクリル樹脂含浸（塗布）	微細ひび割れ，脆弱部補修 平均400g/m²塗布
低粘性アクリル樹脂充填（流込みあるいは注入）	ひび割れ補修
アクリル樹脂トップコート（塗布） 表面保護	アクリル樹脂スラリー防水工（塗布） 塗厚2～3mm

図2 浸透性固化材の工程と効果[13]

図3ラベル：
- 表面改質含浸材塗布
- 排水管（スプリング管φ19mm）
- 下地清掃

図3 施工状況[10]

目的で使用される。浸透性固化材に用いられる合成樹脂は，極低粘度の常温重合型のものが多く，コンクリートの微細なひび割れや空げき，細孔などによく浸透して重合硬化するため，コンクリートをち密化し，強度の回復と補強効果に加え，水や塩化物イオン，二酸化炭素などの浸入を防ぐことができる。本材料をプライマーとして，同系合成樹脂を含む上塗り材を用いれば，浸透によるアンカー効果を発現させることができると同時に，合成樹脂同士の相溶性によって，基材と上塗り材の接着性を向上させることができる。

浸透性固化材を床面に使用する場合の施工例およびコンクリート舗装での補修材として使用する場合の例を示す。

1) 床面での施工例

浸透性固化材を床面に使用する場合の施工の例を**写真❻**[12] に示す。

2) コンクリート舗装の維持，補修材としての施工例

浸透性固化材をコンクリート舗装の補修に用いる場合の工程とその効果を**図2**に示す[13]。

浸透性固化材は，施工が容易で，基材の脆弱部の強度を回復し，また，仕上材との接着性の向上させることができることから，床面の補強・補修に広く用いられている。**図3**には，浸透性固化材の施工状況を示す。

【参考文献】
1) Polymers-in-Concrete 委員会（Japan Chapter of ICPIC）塗布含浸材関係試験方法作成委員会：塗布含浸材に関する技術の現状及び施工指針（案），1992
2) 永井香織・叶 健児・白井 篤・山田康史・小川晴果・大濱嘉彦：コンクリート用塗布含浸材に関する調査—その1使用実態に関する調査，日本建築学会大会学術講演会梗概集，A-1材料施工，pp.889〜890，2005，9
3) 建築仕上年鑑，工文社，pp.388-392，2005
4) 住友精化：アクアシールNEWS，No.25，2002.3
5) 建築仕上年鑑，工文社，pp.167-170，2003
6) 大澤 悟：打放しコンクリートの保護に関する技術動向，建築仕上技術，Vol.26，No.312，pp.38-41，2001.7
7) トウペ：ニューガメットDC#700PCF工法カタログ
8) 日本ペイント：水性シリコン浸透ガードカタログ
9) 住友精化：アクアシールNEWS，No.24，2001.3
10) 土木学会 コンクリート委員会：土木学会規準，JSCE-K 571-2004 表面含浸材の試験方法（案）
11) 土木学会 コンクリート委員会表面保護工法研究小委員会編：コンクリートライブラリー119，表面保護工法設計施工指針（案），p.250，土木学会，2005.4
12) タジマ：床仕上総合カタログ／床下地表面強化材，p.330，2002-2004
13) 菱晃：ドーロガード工法カタログ

鉄筋コンクリート補修用
コンクリート・ポリマー複合体

鉄筋コンクリート補修用コンクリート・ポリマー複合体の概要

　鉄筋コンクリートは，耐震性，耐火性，耐久性などに優れた経済的な構造材料として用いられているが，昭和50年代後半には中性化や塩害による鉄筋コンクリート構造物の早期劣化現象が顕在化し，鉄筋腐食による劣化が社会的問題となった。これに対して，建設省（現国土交通省）総合技術開発プロジェクト「コンクリートの耐久性向上技術の開発（1985〜1987年度）」をはじめ，鉄筋コンクリート構造物の補修に関するさまざまな研究が行われ[1)〜5)]，日本建築学会「鉄筋コンクリート造建築物の耐久性調査・診断および補修指針（案）・同解説」[6)]，建築保全センター「建築改修工事監理指針（平成14年度版，4章 外壁改修工事，7節 鉄筋コンクリートの鉄筋腐食の補修）」[7)]などが発刊された。最近では，国土交通省告示第567号が2005年6月1日に公布・施行された。補修材料としては，ポリマーセメントモルタルやポリマーモルタルなどのコンクリート・ポリマー複合体が挙げられ，一般的に用いられている。

　以下に，鉄筋腐食に対する補修としての断面修復工法およびひび割れ注入補修，ならびに外壁タイルやモルタルの浮き・はく落に対する補修としての外壁複合改修構工法について，コンクリート・ポリマー複合体の適用事例を紹介する。

用 途

断面修復工法

　断面修復工法は，劣化が顕在化した部分，あるいは建物全面が対象となり，**図1**および**写真❶**に示すように，はつり取り後の断面欠損部分やコンクリート表面へ塗布する含浸材，露出鉄筋へ塗布する防せい処理材および欠損部を埋め戻す断面修復材に大別される。これらは，劣化症状の原因や強さによって選定されるが，目的ごとに補修材料を組み合わせた工法として販売されているものが多い。

1) 含浸材

　鉄筋コンクリート補修用として用いられる含浸材は，浸透性固化材，浸透性アルカリ性付与材および塗布形防せい材に分類される。

　浸透性固化材には，エポキシ樹脂系，アクリル樹脂系，ポリウレタン系などを主成分とした有機系のもの，ケイ酸塩系，コロイダルシリカ系などを主成分とした無機系のものがある。これらは，主として経年劣化して脆

弱化しているコンクリート表面を強化し，次の工程で施される断面修復材の付着性能を確保するためなどに用いられるが，その他の適用として，再使用可能な程度の火害を受けたコンクリートに対してやALCなどの断面修復の前処理材として適用される場合もある。浸透性アルカリ性付与材には，ケイ酸リチウム系のものなどがあり，その成分がコンクリート表面や微細ひび割れから浸透してアルカリ性付与や浸透性固化材と同様に脆弱化したコンクリートの表面強化などによって中性化が抑制され，鉄筋の腐食を低減する。また，塗布形防せい材には，亜硝酸カルシウム系，亜硝酸リチウム系などがある。その塗布・浸透によって，有効成分である亜硝酸イオン（NO_2^-）が鉄筋に達すると鉄筋表面に不動態被膜を形成して防せい効果を発揮することとなり，塗布後の経年による亜硝酸イオンの拡散状況や鉄筋の防せい効果が報告されている[8), 9)]。

2）防せい処理材

　防せい処理材は，補修後の鉄筋腐食を防止するために，浮き・はく落によって劣化したコンクリートのはつり取り・ケレンなどを行った露出鉄筋へ塗布するポリマーセメントペーストやポリマーペーストである。これらには，スチレンブタジエンゴムラテックス（以下，SBR系）やポリアクリル酸エステルエマルション（以下，アクリル系）などのセメント混和用ポリマーディスパージョンが用いられ，JIS A 6205：1993（鉄筋コンクリート用防せい剤）に規定される防せい剤などを混入したものもある。防せい処理用ポリマーペーストには，エポキシ樹脂系，アクリル樹脂系などのプライマーまたは塗料，ならびにリン酸，有機酸，キレート化剤などの成分を配合したさび転換塗料などがある。

　断面修復工法において，防せい処理材を用いないときの鉄筋腐食は，用いた場合のものよりも著しく，その種類によっては，マクロセル腐食が発生することが報告されており[10)]，その施工にあたっては，適切な材料選定が必要で

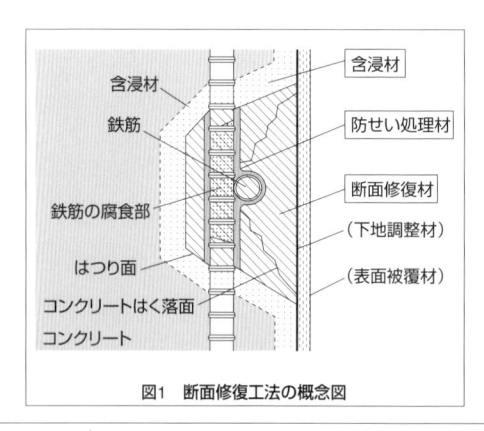

図1　断面修復工法の概念図

写真❶断面修復工法の施工例

ある。これらの選定には，前述の「鉄筋コンクリート造建築物の耐久性調査・診断および補修指針（案）・同解説」に記載される品質基準（案）が参考となる。

3）断面修復材

鉄筋腐食に対する断面修復材としては，セメント混和用ポリマーディスパージョンや再乳化形粉末樹脂を混合したポリマーセメントモルタルおよびポリマーモルタルが用いられる。そのポリマーディスパージョンとしては，防せい処理材と同様に，SBR系やアクリル系のものを用いたものが多く，ポリマーモルタルとしては，エポキシ樹脂などを用いるものがある。これらは，現場での品質管理の問題から，細骨材，混和材料などを工場であらかじめ調整・混合した既調合形のものが増えている。

補修に用いられる断面修復材は，一般的に，補修するコンクリートに近い性状のものがよいとされている。特に，寸法安定性や長期の接着耐久性に優れ，補修箇所の大きさや厚さなどによって若干異なるものの，弾性係数や熱膨張係数がコンクリートと同程度であることが重要である。ポリマーセメントモルタルの調合としては，セメント：砂（質量比）が1：2～3程度で，ポリマーセメント比が5～15％程度であり，軽量骨材を用いて"たれ"を改善したもの，早強性を有するもの，防せい剤を混入したものなど，特徴を持つものが多くなってきている。また，ポリマーモルタルには，エポキシ樹脂と軽量骨材を調合した"たれ"難い，硬化が早いことなどの特徴を有するものがある。このようなポリマーモルタルは，作業上容易に施工できるために，大きな面積の断面修復部分に用いる場合もあるが，弾性係数や熱膨張係数が躯体コンクリートと異なるものもあるので，軽微な断面修復に向いていると指摘する文献もある[6]。このように，断面修復材は，さまざまな特徴を有するものがあり，その選定には，適切な品質基準を満足するものであるかを確認することが重要である。その基準としては，前述の補修指針（案）・同解説の品質基準（案）が参考となる。

建築物の断面修復は，浮き・はく落などの部分的な箇所に用いられる場合が多く，左官工法によって施工する場合がほとんどであるが，広い面積や埋戻しが厚い箇所には，吹付け工法やプレパックドコンクリート工法などで施工する場合もある。特に，土木構造物の場合には，近年，この工法の適用が多い。さらには，断面修復材としてポリマーセメントコンクリートを用いた施工例もある[11]。

ひび割れ補修

鉄筋腐食に対するひび割れ補修は，構造的あるいは施工上に発生したものと鉄筋腐食によって発生したものが対象となり，鉄筋の腐食要因である酸素

や水分の遮断が目的となる。これらの補修には、コンクリート表面のひび割れ部分をUカットし、その部分をポリマーセメントモルタルやポリマーモルタルで埋め戻す方法、ひび割れ部にポリマーペーストやポリマーセメントペーストを注入する方法、ひび割れ表面に表面被覆材や浸透性吸水防止材を施す方法などがあるが、補修後にひび割れが動く場合の表面被覆材には、追従性のある可とう性材料を選定することも必要となろう。

ひび割れ注入工法では、通常、JIS A 6024：1998（建築補修用注入エポキシ樹脂）に規定するエポキシ樹脂がよく用いられるが、最近では、経済性、湿潤面に対する接着性、耐火性などから、超微粒子セメントを用いたポリマーセメントペーストの使用が徐々に増えてきている。

外壁複合改修構工法

外壁複合改修構工法は、既存のコンクリート造の外壁改修工事において、タイル張り仕上げ外壁およびモルタル塗り仕上げ外壁のはく落を防止するための補修工法であり、既存の仕上げ層を除去せずにアンカーピンとネット補強モルタルなどによって物理的に留めつけるものである。そのため、仕上げ層を除去する場合と比べて、経済性や工期などが有利であるとともに、除去した仕上げ層などの廃棄物の発生が少なくなるなどの特徴がある。共通した構成は、写真❷および図2に示すように、仕上げ層の表面から躯体コンクリートに穴をあけて、仕上げ層の表面からアンカーピンを留めつけ、繊維ネットをコンクリート・ポリマー複合体で取付けることである。これらに用いられる繊維ネットとしては、ビニロン繊維、ガラス繊維、ポリプロピレン繊維などがあり、コンクリート・ポリマー複合体には、SBR系のものなどを用いたポリマーセメントモルタルや不飽和ポリエステル樹脂を

写真❷ ひび割れ補修の施工例

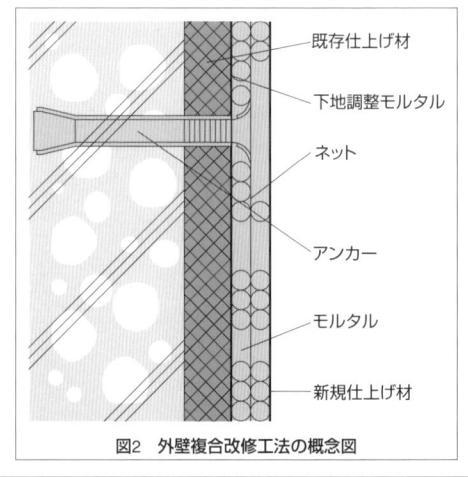

図2 外壁複合改修工法の概念図
（既存仕上げ材／下地調整モルタル／ネット／アンカー／モルタル／新規仕上げ材）

用いたポリマーペーストがある。

　なお，この工法は，平成8年度建設技術評価規定（平成7年建設省告示1860号）に基づき建設大臣（現　国土交通大臣）による評価が実施され，建築保全センター発行の「建築改修工事監理指針（平成14年版）」の4章「外壁改修工事」に，8節「「改修工事」以外の外壁改修」として取り上げられている[7]。

【参考文献】
1) 建設省：建設省総合技術開発プロジェクト，コンクリートの耐久性向上技術の開発報告書（第一編および第二編），建設省，1988.11
2) 日本コンクリート工学協会編：コンクリート構造物の補修工法研究員会報告書（Ⅱ），日本コンクリート工学協会，1994.10
3) 日本コンクリート工学協会編：コンクリート構造物の補修工法研究員会報告書（Ⅲ），日本コンクリート工学協会，1996.10
4) 日本コンクリート工学協会編：コンクリート構造物のリハビリテーション研究委員会報告書，日本コンクリート工学協会，1998.10
5) 日本コンクリート工学協会編：複合劣化コンクリート構造物の評価と維持管理計画研究委員会報告書，日本コンクリート工学協会，2001.5
6) 日本建築学会：鉄筋コンクリート造建築物の耐久性調査・診断および補修指針（案）・同解説，丸善，1997.1
7) 国土交通省大臣官房官庁営繕部監修：建築改修工事監理指針（平成14年版）上・下巻，建築保全センター，2003.1
8) 平居孝之・斉藤 仁・越川松宏：腐食抑制剤の塗布工法に関する研究―既設RC構造物に適用して5年間の浸透性確認結果―，第45回セメント技術大会講演集，pp.638-641，1991.4
9) 伊部 博・原 謙治・越川松宏：コンクリート用塗布型浸透性防錆剤の防錆効果に関する実験，セメント技術年報，No.40，pp.435-438，1986.12
10) 松林裕二・桝田佳寛：断面修復材による鉄筋腐食補修工法の評価に関する実験，日本建築学会技術報告集，第13号，pp.33-38，2001.7
11) 効果で選ぶ新技術（工期短縮，断面修復），日経コンストラクション，No.312，pp.65-67，2002.9.27

耐震補強用連続繊維シート

耐震補強用連続繊維シートの概要

　連続繊維シートを用いた補修・補強工法は，1980年代から研究が進められ，1995年に起こった兵庫県南部地震を契機に，適用事例が急増した。本工法は，高い腐食抵抗性，高強度，軽量などの材料特性に加え，優れた施工性という特徴を有し，現在までにさまざまな機関で補強効果に関する研究が行われ，設計・施工指針[1),2)]なども整備されている。

　本工法に使用される連続繊維シートの大部分は，連続繊維を一方向に並べたもので，①炭素繊維シート，②アラミド繊維シート，③ガラス繊維シートが代表的なものである。最近では，有機繊維中では最も引張強度の高いポリパラフェニレンベンゾビスオキサゾール（PBO）繊維シートを用いる工法や，あらかじめ工場で連続繊維を合成樹脂で固めた成形板を用いる工法も開発されている。

　本工法に用いる接着剤には，コンクリート表面へ塗布するプライマー，コンクリート表面の下地調整に用いるパテ材，連続繊維シートを張り付ける含浸接着樹脂の3種類がある。接着剤には，主としてエポキシ樹脂が用いられている。エポキシ樹脂接着剤は，低臭というメリットがあり，一部－5℃から施工が可能なものも上市されてはいるが，その多くは気温が5℃以上でないと施工ができない。寒冷地などでの低温施工および常温における迅速施工の観点から，－10℃以上で施工が可能であり，かつ，硬化時間の短いメタクリル樹脂（MMA樹脂）接着剤も開発されている。

　連続繊維シートを用いた補修・補強工法が認知された背景には，従来工法と比べて施工性に優れている，連続繊維シートの厚さが0.5mm以下と薄く，既存構造材の断面形状の変化が小さいなどの長所だけでなく，震災によって，その危険性が明らかとなった既存不適格建築物の早期改修を目的とした「耐震改修促進法」の適用が大きく影響している。また，これまで「耐震改修促進法」に則った耐震補強に限定されていた連続繊維シートの使用は，平成18年2月28日に改正された平成13年国土交通省告示第1024号に基づき，建築基準法に適合していない既存建築物の補強にも認められることとなった。

　本工法の適用部位は，土木構造物では，橋脚，桁，床版，トンネル，建築構造物では，柱，梁，壁など多岐にわたっている。表1に示すとおり，補強の目的は，せん断補強，曲

表1　補強目的および適用部位[3)]

補強目的	摘要部位
せん断補強	袖脚，桁，柱，梁，壁，開口部
曲げ補強	袖脚，桁，梁，床板，煙突
圧縮補強	柱
劣化防止	煙突，トンネル，電柱

げ補強，圧縮補強の3つに大別される。

用途

　独立柱の耐震補強は，連続繊維シートを柱横方向へ閉鎖型に巻き付けることで可能である。しかし，壁の付いた柱では，壁が障害となって連続繊維シートを閉鎖型に巻き付けることができず，張付け可能な柱面だけへの施工では，その効果は極めて小さい。そこで，壁付き柱の効果的な補強方法として，閉鎖型の形成を目的とした，**図1**に示す3種類の工法が提案されている。

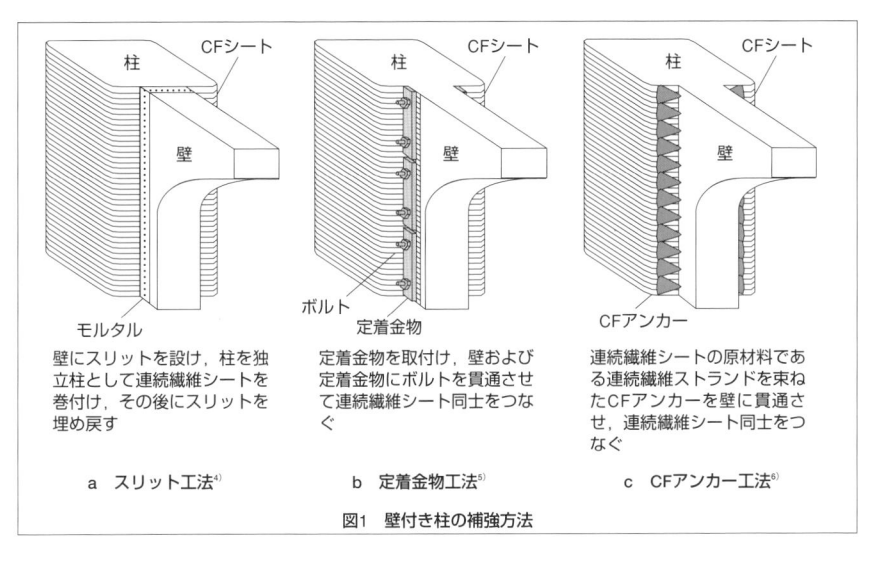

a　スリット工法[4]
壁にスリットを設け，柱を独立柱として連続繊維シートを巻付け，その後にスリットを埋め戻す

b　定着金物工法[5]
定着金物を取付け，壁および定着金物にボルトを貫通させて連続繊維シート同士をつなぐ

c　CFアンカー工法[6]
連続繊維シートの原材料である連続繊維ストランドを束ねたCFアンカーを壁に貫通させ，連続繊維シート同士をつなぐ

図1　壁付き柱の補強方法

CFアンカー工法を用いた事例

　以下に，図1cに示すCFアンカー工法による梁の炭素繊維シート（以下，CFシートと称する）を用いたせん断補強事例について紹介する。**図2**には，CFアンカーを用いた補強工法の施工手順を，**図3**には，補強方法を示す。図2中の縦方向に並んだ太枠は，梁にスラブの付いていない矩形断面の梁の補強手順である。

　写真❶に示すとおり，CFシートを張り付けるコンクリート表面の下地処理終了後，CFアンカーを通すための孔をスラブの梁際に穿孔する。その後，プライマー塗布および下地調整を行う。次いで，**写真❷**に示すように，CFアンカー扇部が張り付けられる箇所のコンクリート表面へCFアンカーの扇長さ以上の幅で材軸方向にCFシートを張り付ける。これは，CFアンカー扇部に引張力が作用した場合に，扇部左右方向に発生する分力を処理するためのものである。その後，**写真❸**に示すとおり，補強用CFシートをあば

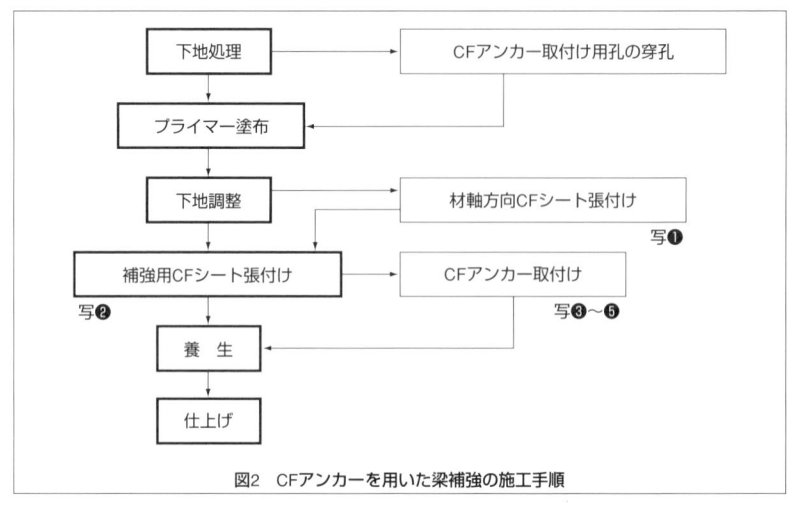

図2 CFアンカーを用いた梁補強の施工手順

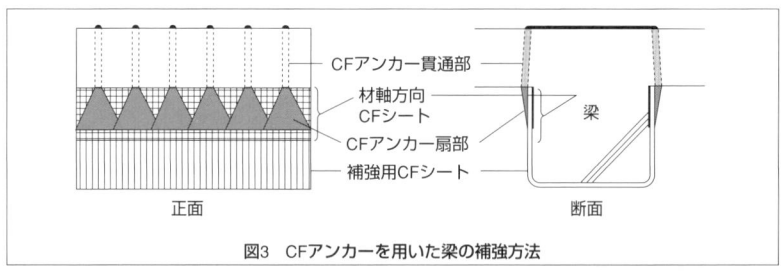

フロー:
下地処理 → CFアンカー取付け用孔の穿孔
下地処理 → プライマー塗布
CFアンカー取付け用孔の穿孔 → プライマー塗布
プライマー塗布 → 下地調整
下地調整 → 材軸方向CFシート張付け（写❶）
下地調整 → 補強用CFシート張付け（写❷）
材軸方向CFシート張付け → CFアンカー取付け（写❸〜❺）
補強用CFシート張付け → 養生
CFアンカー取付け → 養生
養生 → 仕上げ

図3 CFアンカーを用いた梁の補強方法

正面: CFアンカー貫通部／材軸方向CFシート／CFアンカー扇部／補強用CFシート
断面: 梁

写真❶ CFアンカー取付用孔の穿孔

写真❷ 材軸方向CFシート張り

写真❸ 補強用CFシート張り

88 よくわかる「ポリマーセメントコンクリート/ポリマーコンクリート」の基本と応用

ら筋方向に張付け，最後にCFアンカーを取り付ける。**写真❹**は，CFシートの原材料である炭素繊維ストランドを必要量束ねて作製したCFアンカーのスラブ貫通部およびスラブ上面へ設置される部分への含浸接着樹脂の浸透作業を行っているところである。含浸接着樹脂浸透後，**写真❺**に示すように，スラブにあけた孔上面からCFアンカーの両端をそれぞれ下方へ通し，**写真❻**に示すように，CFアンカー扇部を，含浸接着樹脂を塗布したCFシート表面へ扇状に広げ，含浸接着樹脂を浸透させながら張り付けて完了となる。

CFアンカーは，開発当初，**写真❼**に示すように，現場でCFシートの原材料である炭素繊維ストランドを人の手によって必要量束ねて作製していた。

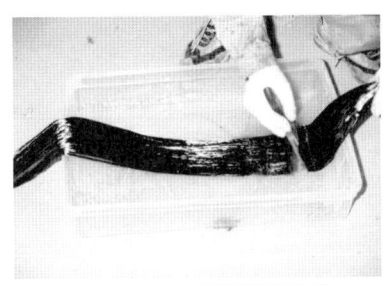

❹CFアンカーへの含浸接着樹脂浸透

❺CFアンカーの設置

❻CFアンカー扇部の張付け

(1) 炭素繊維ストランド　(2) CFアンカーの作製状況
写真❼従来型CFアンカー

写真❽工場製作CFアンカー（例）

第2章　耐震補強用連続繊維シート　89

しかし，現在では，**写真❽**に示すように，工場製作のCFアンカーが新たに開発され，施工管理が容易になるとともに，施工性も向上している。

　また，工場製作CFアンカーの開発に伴い，CFアンカーは道路橋脚の補強にも展開され始めている。**写真❾**と**図4**は，工場製作CFアンカーを用いて橋脚壁部を補強した中央自動車道底沢大橋の事例である。本事例では，全7橋脚の内，6橋脚で従来工法の鋼製ブラケットとアンカーボルトによるCFシートの端部定着が行われ，残り1橋脚でCFアンカーが適用された。この事例から，CFアンカーを用いる工法は，従来工法と比べ，工期の短縮，安全性の向上などのメリットのあることが確認された。

　建築物の耐震補強は，着実に進められてはいるが，現在もなお補強の必要な建築物は数多く存在している。昨今の多発する地震の現況を鑑み，これら建物の早急な補強が求められる。

写真❾ 橋脚の補強事例

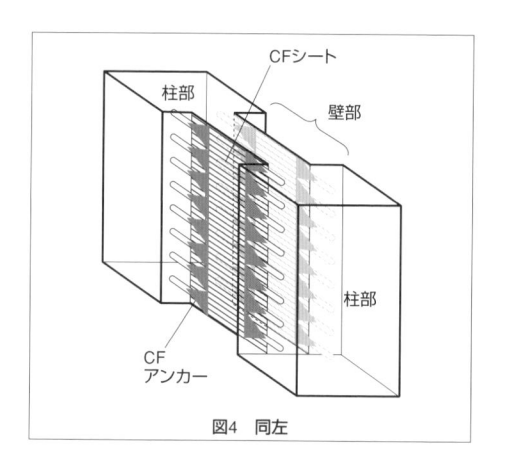

図4 同左

【参考文献】
1) 土木学会編：コンクリートライブラリー101　連続繊維シートを用いたコンクリート構造物の補修補強指針，土木学会，2000.7
2) 日本建築学会編：連続繊維補強コンクリート系構造設計施工指針（案），日本建築学会，2002.3
3) 日本コンクリート工学協会編：連続繊維補強コンクリート研究委員会報告書，日本コンクリート工学協会，p.80，1997.7
4) 益尾 潔ほか：日本建築学会大会学術講演梗概集C-2構造Ⅳ，pp.643-646.1997.7
5) 古川 淳ほか：日本建築学会学術講演梗概集C-2構造Ⅳ，pp.317-324.2000.7
6) 塚越英夫ほか：日本建築学会大会学術講演梗概集C-2構造Ⅳ，pp.217-218.1998.7

その他の連続繊維補強材

その他の連続繊維補強材の概要

　連続繊維補強材は，コンクリートを補強するなどの目的で使用する，連続繊維に繊維結合材を含浸させて，成形した材料である。繊維結合材には，エポキシ樹脂，不飽和ポリエステル樹脂，ビニルエステル樹脂，メタクリル樹脂などがある。連続繊維補強材には，次の5種類がある。
①連続繊維棒材
　鉄筋やPC鋼材のような棒状のもので，一軸方向に補強するもの。
②連続繊維緊張材
　通常のプレストレストコンクリート構造におけるPC鋼材と同じ目的で使用するもの。
③連続繊維シート
　連続繊維および形状保持のための補助的な材料を用いた面状のもの。
④連続繊維形材
　連続繊維を加工してコンクリートの補強などに使用できるようにしたもので，比較的断面積に広がりのあるもの。
⑤面・立体補強材
　二次元および三次元形状で構成されたもの。格子状，メッシュ状，織物状，網状，編物状などがある。

　連続繊維の建設分野への応用は，鉄筋の代替品として棒状に加工した補強材を用いることから始まったが，次第に多くの利点とともに制約があることも，明らかになってきた。さらに，弾性範囲内での伸びが大きいことを活用するために，プレストレスを導入する利用法が有望と考えられた。土木構造物では，このような用途に適した条件のものが多く，実用化への試みも始まっている。建築分野では，耐火性および靱性の点での制約感から，多くは開発研究の段階に留まったが，前述した連続繊維シートを用いた耐震補強の実用化工法が開発された[1]。この連続繊維シートを用いた耐震補強工法の適用事例については，前述したので，ここでは，連続繊維シート以外の連続繊維補強材を多量に使用した適用事例について紹介する。

　なお，連続繊維補強材の適用を目的とした設計施工指針は，現在，建築・土木ともに，それぞれ日本建築学会および土木学会から発行されている[2],[3]。

適用事例

建築構造物への適用例[4]

　写真❶には，完成した工場食堂棟を示す。本食堂棟の屋根にCFRP製材

料（マトリックスはフェノール樹脂）を組み合わせて作製した立体トラスを採用している。**写真❷**は，CFRP製材料（シャフト）を地上で組み立てているところである。**写真❸**には，地組みの終了した寸法13×27mのCFRP製立体トラスを，**写真❹**には，本トラスを2台の50tクレーンで高さ6mの鉄骨柱の上に吊り上げているところを示す。トラスの総質量は，約8.5tと通常の鋼材でつくる場合の1/3程度であり，施工性がよい。本トラスには，624本のシャフトが使われており，地上で組み立てられたが，この組立作業は，作業員6人によって4日間で完了した。本トラスを用いた場合，そのイニシャルコストは，鋼材の1.5倍程度であるが，鋼材の場合に必要となるさび止め塗装の補修が不要など，メンテナンスの費用を減らせるため，ライフサイクルコストでみれば，鋼材に対してメリットが生じる。なお，本材料は，鋼材に比べ耐火性能は劣るが，耐久性に優れているため，前述の適用例に続き，プール施設で寸法が34.5×49.5mの屋根にも使われている。

写真❶完成した食堂棟

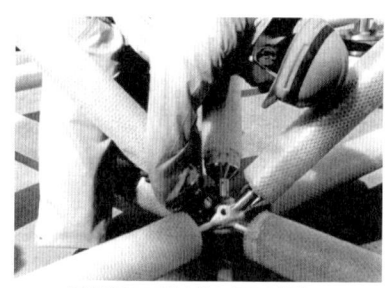

写真❷CFRP製立体トラスの組立て

写真❸組立ての終了したCFRP製立体トラス

写真❹CFRP製立体トラスのリフトアップ

土木構造物への適用例[5]

1）実施工

　沖縄本島と平安座島などの離島とを結ぶ，沖縄県与那城町にある海中道路は，その両側を海に囲まれている。この海中道路の両脇には，公園が整備され，道路をまたぐ歩道橋が建設された。周辺の環境条件から，この歩

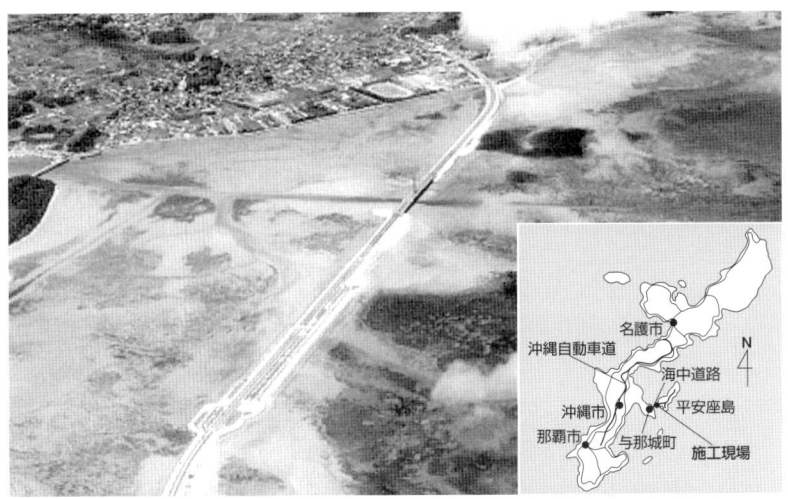

写真❺GFRP製歩道橋が設置された場所（写真提供：沖縄県中部土木事務所）

道橋は，常に強い潮風にさらされるため，橋の素材に腐食しにくい連続繊維補強材が採用された。主桁をはじめ，構造部材のすべてをGFRP製（マトリックスはビニルエステル樹脂）とした橋は，国内では初めてのことである。**写真❺**には，本歩道橋が建設された場所を示す。橋は，断面形状がコの字形をした主桁が両側

写真❻組立中の桁

にあり，その間に「対傾構」と呼ぶトラス状の部材を取り付けた構造となっている。なお，本歩道橋は，製作時の温度管理などの難しさから，工場で作られ，現地へ移送された。**写真❻**には，東京の工場で組立中の桁を示す。両側のコの字形をした主桁のほか，トラス状の対傾構もGFRP製となっている。主桁部分は，ガラス繊維シートを敷いた後に，手作業でビニルエステル樹脂を塗り付け，樹脂が固まる前に，再びその上にガラス繊維シートを敷いて，同様の作業を繰り返すという「ハンドレイアップ」と呼ばれる手法で製作されている。主桁のフランジ部を35mmの厚さにするために，本作業は，40回以上繰り返されている。なお，GFRPは，鋼材に比べてせん断剛性が小さく，細長い主桁はたわみやすいため，繊維を水平や垂直ではなく，桁の水平方向に対して斜め45度の角度で敷き詰めている。GFRP橋は，維持管理費があまり必要ないとはいえ，建設費がPC橋より高いと現実的には採用が難しいため，本工事にGFRPを採用することを決めた沖縄県中部土木事務所では，PC橋と同程度になるように工事費を積算し

て入札を実施している。主桁の部材を製作するためにかかった費用は，1t当たり300～400万円であったが，PCでは，上部の質量が200tになるのに対し，GFRPの場合は，約20tと軽いため，杭の本数を2/3に減らせ，かつ，杭径も小さくしたので，下部工事費を節減することができた。**表1**には，鋼材（SM400）と歩道橋に使用したGFRPとの物性比較を示す。また，**写真❼**には，海中道路の上に架けたGFRP製歩道橋を示す。本歩道橋の表面には，紫外線による劣化を防ぐため，フッ素樹脂塗装が施されている。

2）環境側面

本歩道橋の実例を参考とした，FRP歩道橋とPC歩道橋の材料製造段階か

表1　鋼材（SM400）とGFRPとの物性比較

項目	鋼材	GFRP
密度（g/cm³）	7.85	1.6～2.0
せん断強度（MPa）	230[1]	60～100
引張強度（MPa）	400	120～250
1t当たりの材料費（万円）	8	300～400

[注]1）せん断降伏荷重を示す

写真❼海中道路の上に架けたGFRP製歩道橋
（写真提供：沖縄県中部土木事務所）

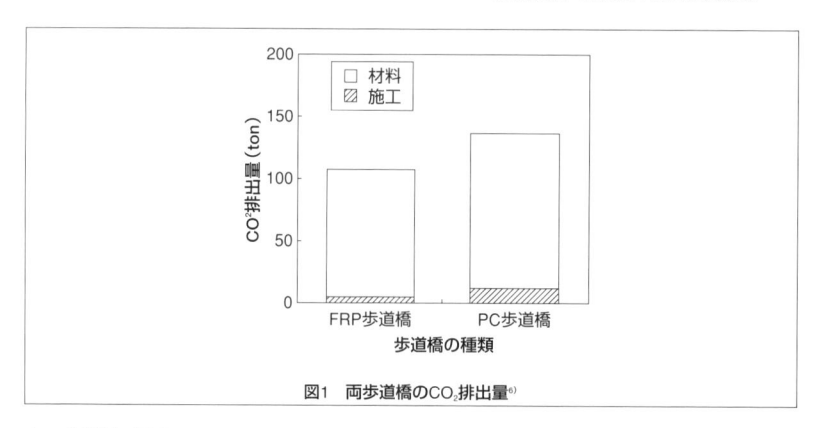

図1　両歩道橋のCO_2排出量[6]

表2　歩道橋の概要

対象		FRP製	PC製
材料	上部工	ガラス繊維・ビニルエステル樹脂	鉄筋，コンクリート，PC鋼より線
	下部工	鉄筋，コンクリート	
	基礎	鋼材	
橋長（m）		約38	約36
幅員（m）		約4.5	約3.5
上部工の形式		2径間連続桁橋	1径間ポストテンション中空床版桁橋
下部工の躯体形式		壁式橋脚	
基礎形式		鋼管杭基礎	

ら構造物の施工段階までのCO_2排出量の評価が試みられている[6]ので紹介する。本文献で評価対象として想定している構造物の概要を**表2**に，材料製造および施工段階のCO_2排出量を**図1**にそれぞれ示す。ここで，CO_2排出量の原単位は，FRPについては既往の報告[7]を，コンクリート，鉄筋，PC鋼より線，鋼管杭およびコンクリート施工時については，土木学会委員会報告書[8]をそれぞれ参照している。なお，評価範囲には，供用段階および廃棄・リサイクル段階は含まれていない。

図1に示すとおり，材料製造段階および施工段階をあわせたCO_2排出量は，FRP歩道橋の方がPC歩道橋より約22％低減される結果となっている。この結果には，FRP歩道橋では，上部工の軽量化により，下部工が省略できたことが大きく影響している。

なお，土木構造物への適用例は，橋梁のほか，水路・水中構造，非電導構造，吊り構造，グラウンドアンカー，地下構造など多岐にわたる[9]。

【参考文献】
1) 日本建築学会編：連続繊維補強コンクリート系構造設計施工指針（案），丸善，p.1, 2002.3
2) 日本建築学会編：連続繊維補強コンクリート系構造設計施工指針（案），丸善，2002.3
3) 土木学会コンクリート委員会編：コンクリート・ライブラリー第88号　連続繊維補強材を用いたコンクリート構造物の設計・施工指針（案），丸善，1996.9
4) 現場報告 東レ愛媛工場食堂棟（愛媛県松前町）カーボンファイバー製トラスを初採用，日経アーキテクチュア，No.587, pp.196-198, 1997.7.28
5) ズームアップ橋 伊計平良川線FRP歩道橋工事（沖縄県）プラスチックを構造材に初採用，日経コンストラクション，No.254, pp.28-32, 2000.4.28
6) 田中博一ほか：FRP構造物の環境側面の評価に関する検討，土木学会第61回年次学術講演会講演概要集共通セレクション，pp.461-462, 2006.9
7) 強化プラスチック協会：だれでも使えるFRP-FRP入門，強化プラスチック協会，2002
8) 土木学会編：コンクリートの環境負荷評価（その2），コンクリート技術シリーズ62，丸善，2004
9) ACC倶楽部のホームページ：http://acc-club.jp/home.html

舗装材

舗装材の概要

　　舗装分野は，高度成長期のアスファルト舗装やコンクリート舗装を中心とした量的な急ピッチの拡充時代を終え，質的向上の時代を迎えている。これに伴い，舗装技術は，目覚しい進歩を遂げている。すなわち，車両軸重の制限緩和・車両の大型化に伴う規格化，ライフサイクルコストを考慮した耐久性，安全走行性，景観性，寒冷地の凍結抑制などの社会的ニーズに加えて，建材の廃材利用[1]やアスファルト舗装材の再利用など，新しい舗装工法が考案，採用されている。舗装材料に関しても，主材料であるアスファルトの流動性，耐磨耗性，すべり抵抗性などの改善を目的に，各種エラストマーやスチレンブタジエンゴム（SBR）ラテックスなどのポリマー材料が使用されている。ポリマー混和剤も，透水性コンクリート舗装，保水性舗装，半たわみ性舗装，橋梁の床版補修などに，ポリマーディスパージョン，再乳化形粉末樹脂，高吸水性樹脂（ポリマー）などが用いられている。また，土，木材チップ，ゴムチップなどに合成樹脂エマルション，ウレタン樹脂などを添加して締め固めた景観舗装，アスファルト舗装上にアクリル樹脂やエポキシ樹脂を塗布して骨材を散布した合成樹脂系舗装などが使用されている。

　　最近のもう一方の動向としては，環境対応があり，建築廃材再生利用や環境負荷の軽減策として，二酸化炭素の排出を抑制する中温化舗装および常温舗装が行われている。

用途

排水性舗装

　　排水性舗装は，開粒度粗骨材を配合して，アスファルト混合物内部に空隙をつくり，雨水を速やかに排水する舗装で，現在，最も注目されている舗装技術である。雨天時の水跳ね防止，ハイドロプレーニングの防止，夜間雨天時の視認性向上のほか，車両走行の騒音を空隙部に逃がし，騒音低減効果がある[2]。この舗装は，約10年前に始まり，年々適用地域が拡大し，需要が伸びている。その種類は，高耐久性用，高ねじれ抵抗性用，寒冷地用，鋼床版用など多様化している。こういったニーズを満たすべく，アスファルト混合物の製造時には，タフネスおよびテナシティを改善する目的で，スチレンブタジエンゴムラテックス，SBS（スチレン・ブタジエンブロックポリマー），SIS（スチレン・イソプレンブロックポリマー），EVA（エチレン・酢酸ビニル共重合体）およびEEA（エチレン・アクリル酸エチ

ル共重合体)などの熱可塑性エラストマーが,アスファルトに5%程度添加されている。この舗装の普及につれ,さらに,高性能化を目指して,次のような新しい工法が開発されている。

①多量の降雨でも,路面に水がたまり難く,車走行の安全性を高める「超高機能舗装」

②路面を強化し,エポキシ樹脂結合材と細骨材を配合した透水性ポリマーモルタルを排水性舗装の表面に充填し,目づまりを少なくして機能の維持・延命化を図った「透水性ポリマーモルタルシステム工法[3]」

③排水性舗装の表面にメタクリル樹脂結合材を吹き付け,その上に細骨材を散布し,強靭なモルタルでアスファルト混合物の流動抑制と目つぶれ抑制による耐久性を向上させた「排水性トップコート工法」

排水性舗装は,高速道路では,ほとんどの工事に適用されるばかりでなく,騒音対策に市街地の道路などにも施工されている。**図1**および**図2**には,排水性舗装の構成および排水処理機構を示す[2]。また,**写真❶**には,排水性舗装の施工例を示す[4]。

写真❶ 排水性舗装,国道190号常磐公園前[4]

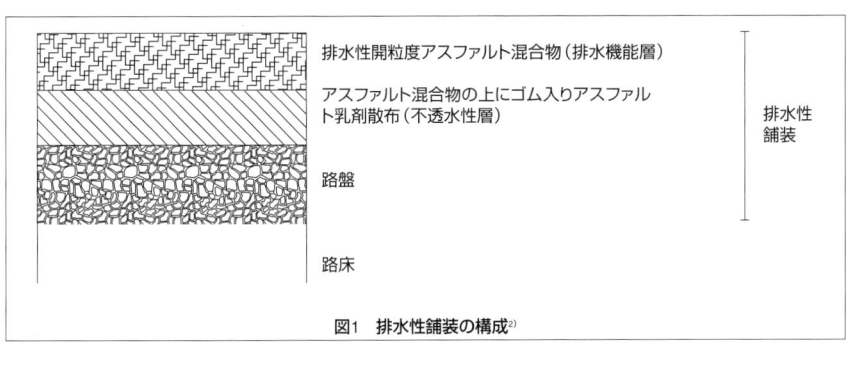

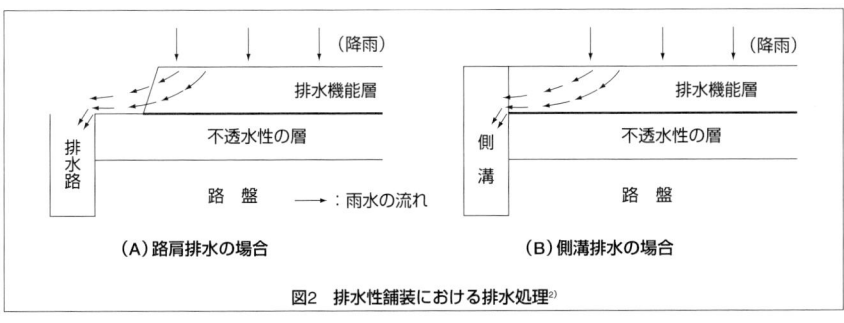

図1 排水性舗装の構成[2]

図2 排水性舗装における排水処理[2]

透水性コンクリート舗装

　透水性コンクリート舗装は，砕石をポリマーセメント系結合材などで固め，約25%の空隙率を有するポーラスコンクリート舗装である。ポーラスコンクリートの空隙に雨水などを透水させ，地下に水を戻す工法で，路面の排水不良や地下水減少などの防止，地中からの水分蒸発による路面温度上昇の抑制など，環境保全にも効果がある。排水性舗装に比べて空隙がつぶれにくく，耐油性と明色性に優れるが，養生に長時間を要する。施工では，**表1**に示すような配合のポーラスコンクリートをバッチャープラントで練り混ぜ，ダンプカーなどで現場へ運び，ドーザーレーキやフィニッシャーで敷き均し，締固め後，養生を行う[5]。目標性能は，車道では曲げ強度3.5～5N/mm^2，空隙率15～26%，歩道では曲げ強度2～3N/mm^2，空隙率20～25%が目安である[4]。この舗装は，公園の広場，歩道，駐車場などのほか，高強度用で重交通に耐え得る製品の開発によって，車道や高速道路料金所などにも採用されている。

表1　舗装用ポーラス透水性コンクリートの調合例[5]

調合（質量比）			
セメント	砕石6号	45%ポリマーディスパージョン	水
100	500	20	20

半たわみ性型保水性舗装

　半たわみ性舗装は，開粒度型のアスファルト舗装の空隙部にポリマーセメント系グラウトを浸透させた舗装で，アスファルト舗装のたわみ性とコンクリート舗装の剛性があり，耐久性が優れている。最近では，この舗装に高吸水性樹脂（ポリマー）などで保水性を付与して，ヒートアイランド防止対策を施した半たわみ性型保水性舗装の試験施工が実施され，通常のアスファルト舗装と比べ，約10℃の温度差が確認されている[6]。施工では，空隙率が20～28%になるように締め固める。この空隙にポリマーセメント系グラウトを注入する。ポリマーセメント系グラウトは，セメントにフライアッシュ，けい砂，石粉などの微粉骨材と，ひび割れ抑制のために，ポリマーディスパージョンや再乳化粉末樹脂を配合してつくる[7]。保水性舗装には，保水材として高吸水性樹脂（ポリマー）などが添加される。**図3**には，半たわみ性型保水性舗装の施工断面を示す[7]。また，**図4**には，半たわみ性型保水性舗装の路面

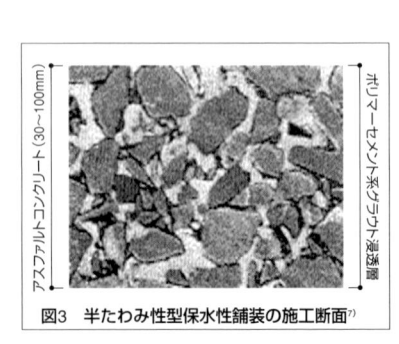

図3　半たわみ性型保水性舗装の施工断面[7]

図4 半たわみ性型保水性舗装の路面温度測定例[8]

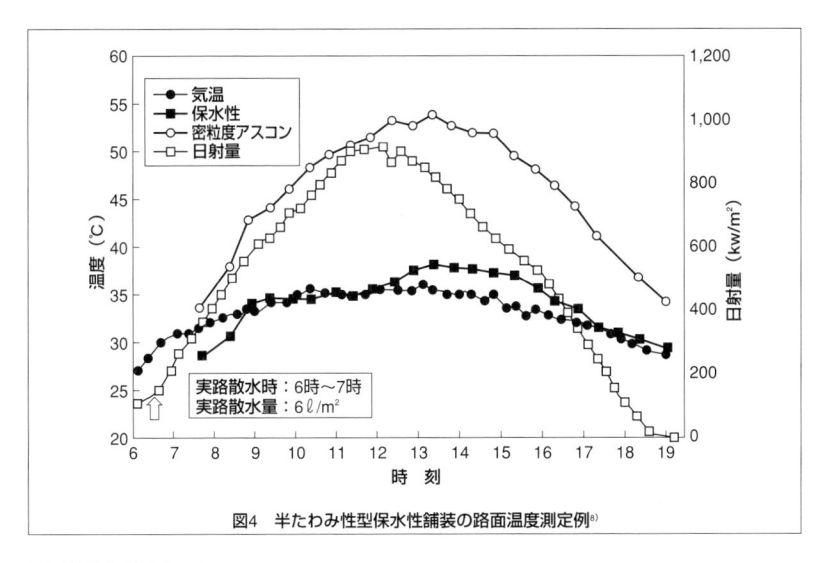

温度測定例を示す[8]。

　ヒートアイランド防止対策のための舗装には，これらのアスファルト混合物注入系以外に，アクリルエマルション系ビヒクルに熱反射性顔料および中空セラミックス微粒子を配合した遮熱塗料を舗装面に塗布する二層構造の遮熱舗装がある。この工法については，東京都中央区八重洲，千代田区大手町，港区西新橋および中央区京橋，新宿区新宿などで試験施工されている。

光触媒舗装

　車の排気ガスなどから発生するNOxガスによる大気汚染が問題になっており，環境清浄化のための舗装として，光触媒舗装が実用化されている。施工では，排水性舗装の表面に，ポリマーセメント系結合材と光触媒である酸化チタン（TiO_2），けい砂などで構成された光触媒コーティング材に，粘度調整材と水を混合して練り混ぜ，約0.5～0.7mm厚さに，ノズルによって加圧噴霧して塗布する工法[9]と，酸化チタン入りコンクリートブロックを敷き詰める工法[9]が採用されている。光触媒は，わが国が世界に先駆けて研究開発に取り組み，実用化した先端技術であり，国内の公的機関，学協会，産業界などで標準化が推進され，2004年には，光触媒に関する初めてのJIS規格であるJIS R 1701-1（ファインセラミックス－光触媒材料の空気浄化性能試験方法－第1部：窒素酸化物の除去性能）が制定され，環境清浄化技術の普及が期待されている。

　光触媒コーティング材の塗布工法では，千葉県市川市浦安末広1丁目の試験施工，また，コンクリートブロック敷詰め工法では，さいたま副都心

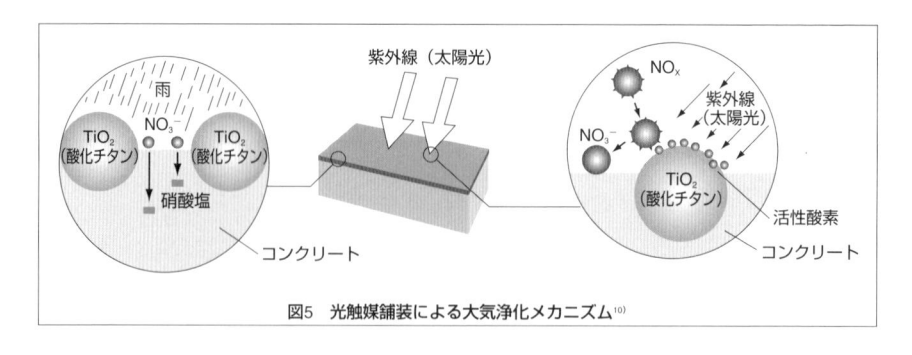

図5 光触媒舗装による大気浄化メカニズム[10]

での施工例などがある。**図5**には、光触媒舗装による大気浄化メカニズムを示す[10]。

土系景観舗装

　土系景観舗装は、自然砂に各種合成樹脂エマルション、ウレタン樹脂、エポキシ樹脂などの結合材を約5～10％（質量比）添加混合して締め固め、固化させる簡単な工法によって施工される。自然に近い路面をつくり出し、砂じんの飛散や降雨によるぬかるみがなく、歩行性に優れ、公園の遊歩道、サイクリングコース、園路、寺社の参道などに施工されている。

【参考文献】
1) 日本道路協会 舗装設計施工小委員会：舗装設計施工指針，pp.15-16，2002.2
2) 日本道路協会 アスファルト舗装小委員会：排水性舗装技術指針（案），2002.4
3) 原 冨男ら：透水性レジンモルタルシステム工法（PRMS工法）による排水性舗装表面の補強，舗装Vol.36，No.10，pp.15-19，2002.10
4) 国土交通省山口河川国道事務所宇部国道維持出張所：「排水性舗装」，宇部日報「あしたに拓く　モノづくりの現場から」
　(http://www.ubenippo.co.jp/skiji/2002/asuhiraku/33.htm)
5) 佐藤道路：「パーミアコン舗装」資料
6) 東京都環境局総務部企画課：東京都のヒートアイランド対策資料
7) NIPPOコーポレーション：ポリシール技術資料
8) 日本道路㈱ホームページ：
　http://www.nipponroad.co.jp/lineup/surround/060.htm
9) 石森正樹：光触媒セメントで自動車排ガスを処理－フォトロード工法，セメント・コンクリート，No.639，pp.18-23，2000.5
10) 光触媒コンクリート工業会：「NOXER」カタログ資料，Nox除去メカニズム

プレキャスト製品

プレキャスト製品の概要

　　ポリマーコンクリートは，短時間で硬化する，高強度である，容易に接着ができるなどの利点を生かし，プレキャスト製品に適用されている。硬化時間の短縮は，製品の早期脱型を可能とし，型枠の転用効率を向上させ，型枠数の低減につながる。また，ポリマーコンクリートによるプレキャスト製品は，一般的に常温で養生を行うため，養生設備が不要となる。なお，プレキャスト製品に使用されるポリマーコンクリートのための液状レジンとしては，不飽和ポリエステル樹脂，エポキシ樹脂，アクリル樹脂などが挙げられるが，硬化時間の制御の容易さと経済性から，不飽和ポリエステル樹脂が多用されている。

　　一方，ポリマー含浸コンクリートは，ポリマーの含浸による改質によって，セメントコンクリートに比べ，高強度で，耐薬品性，耐凍結融解性，耐摩耗性などの優れた耐久性を有している。日本国内では，含浸材には，メタクリル酸メチルが，重合方法には，熱重合が適用されることが多い。以下に，コンクリート・ポリマー複合体を適用したプレキャスト製品の適用事例を述べる。

適用事例

マンホール

　　ポリマーコンクリートのプレキャスト化として，その使用実績が多く，その代表例とされるブロックマンホール（旧日本電信電話公社仕様品）は，1970年に本格的に生産が開始されて以来，地下送電線の接続・分岐・保守のためのマンホールに使用され，近年では，工場で事前にマンホール壁面にダクトスリーブなどを埋め込み，設置後直ちに接続使用できるようにした製品も増加している。**写真❶～❸**に，その製品例を示す。

　　なお，ポリマーコンクリートをマンホールに適用することの利点は，次のとおりである。

①ポリマーコンクリートによる部材の高強度化によって，部材厚を薄く設計することが可能となる。その結果，断面寸法の縮小による軽量化によって，運搬・設置・掘削土量の低減，取扱い費用の低減，先行埋設物との競合回避が可能となる。

②分割された各ブロックは，接着剤で容易に，かつ，短時間に接着して一体化でき，短時間での施工を可能とするので，道路に設置する場合に交通障害などを軽減できる。

写真❶電力用マンホール

写真❸上水道用マンホール

写真❷通信用マンホール

写真❹電線共同溝展示場全景

③良好な耐食性によって，埋設土壌の性質に影響されずに使用できる。

電線共同溝特殊部
（C.C.BOX：compact cable box）

　地上にある電線類の地中化は，安全で快適な道路空間の確保，都市景観の向上，都市災害防止，情報ネットワークの信頼性向上などの観点から，1986年に始まり，現在では，「無電中化推進計画」が策定され，次世代電線共同溝が主役となり，幹線道路に加え，非幹線道路においても，無電柱化の選定対象になった。軽量でコンパクト（小型），納期の短縮化，現場での管路競合に即座に対応できるように，任意箇所での切断加工性，トータルコストの削減などが可能な電線共同溝特殊部へのポリマーコンクリート製マンホールの利用が進んでいる。**写真❹**に示すように，国土交通省関東地方整備局関東技術事務所（千葉県松戸市），㈱サンレック中央工場（埼玉県日高市）およびNDSテクノロジー総合センター（愛知県犬山市）内に，電線共同溝特殊部に使用する実物大モデルのポリマーコンクリート製マンホールおよび管路が地上に設置展示されている。

　また，最近，ポリマーコンクリート製C.C.BOXは，民間事業者などにより開発された有用新技術を公共工事に促進活用する目的として，国土交通

写真❺ヒューム管

写真❻強化プラスチック複合管

写真❼製地下収納庫

省が推進するインターネットで運用されるデータベースシステム（新技術情報提供システム，New Technology Information : NETIS）に登録（登録No.990245）され，ネット上でも製品実用例を閲覧できる。

管（パイプ）

　遠心力によって一体成形したポリマーコンクリート製ヒューム管は，耐食性，内面平滑性および耐摩耗性に優れ，水密性，高強度などの特性を生かし，下水道施設に使用されている。また，内外面をFRP（強化プラスチック），中間にポリマーモルタルをサンドイッチした構造を持つ強化プラスチック複合管は，軽量で，耐食性と内面平滑性の利点を生かし，軟弱地盤や海浜などで使用されている。**写真❺**には，ポリマーコンクリート製ヒューム管，また，**写真❻**には，強化プラスチック複合管を示す。

地下収納庫

　住宅の地下に埋設される収納庫として，ポリマーコンクリート製プレキャスト製品がある。これは，ポリマーコンクリートの良好な耐食性によって，埋設土壌に影響されずに使用できる。住宅の地下に設置することによって，土地の有効利用に役立ち，外気温の変化の影響を受けにくい貯蔵庫として使用されている。**写真❼**には，ポリマーコンクリート製地下収納庫を示す。

化粧材

　つや・透明性・色など天然石と同等な質感があり，硬さや耐衝撃性に優れるなどの多くの機能を持つ人造（または人工）大理石（ポリマーコンク

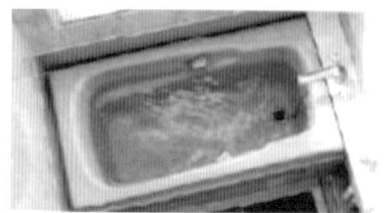

写真❽人造大理石浴槽

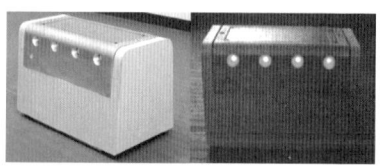

写真❾発光式縁石

写真❿プランター[2)]

写真⓫照明灯ボックス

リート）は，浴槽や台所カウンターに利用されており，今後，住宅の水回りへの応用範囲が拡大されることが期待される。**写真❽**には，人造大理石の浴槽を示す。

景観材料

ポリマーコンクリート製テラゾーおよび人造大理石は，意匠性に富んだ形状や石目調の外観を生かし，古くから利用されてきた。近年，**写真❾❿⓫**に示すように，ポリマーコンクリートに太陽電池や発光ダイオードなどを組み込んだ景観材料の利用に関心が高まっている。

外壁材料

ポリマー含浸コンクリートおよびモルタルのプレキャスト製品としての日本での実用化例は，電力ケーブル用多孔管，海中レストランの窓枠，外壁用テラゾーパネル，浮かん基礎用ユニット，放射能廃棄物収容容器，永久型枠などがある。アメリカでは，既設および新設のコンクリート構造物の強度，耐摩耗性，水密性などを改善する目的で，現場ポリマー含浸工法が，橋梁の床版や高速道路の舗装，ダム減勢池の底面補修などに用いられてきたが，用途拡大に至っていないのが現状である。**写真⓬⓭**には，薄肉のポリマー含浸コンクリート板を永久型枠として使用した例を示す。

写真⑫吊橋ケーブルのアンカーレイジの化粧兼永久型枠

写真⑬鉄道トンネルの二次覆工

マンホール補修工法

　地下構造物であるマンホールは，築造されてから多年の年月が経過し，車輌の大型化や交通量の増大により何らかの影響を受け，強度不足が懸念されている。近年，老朽化し，更改が困難なセメントコンクリート製マンホールの補修・補強に，低コストで施工も簡単なうえ，かつ，工期短縮が可能な工法として，ポリマーコンクリート製ブロック（レジンブロックまたはハンチブロック）と炭素繊維補強プラスチック（CFRP）を組み合わせ接着使用する方法が注目されている。**写真⑭**に示す工法は「カーボン・レジン工法」と呼ばれ，また，**写真⑮**に示す工法は「W-RCS工法」と呼ばれ，下水道などの地下のインフラ設備への適用が期待されている。

CFRP板

レジンブロック

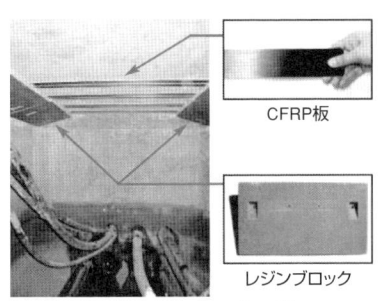

写真⑭カーボン・レジン工法[3]

写真⑮W-RCS工法[4]

【参考文献】
1) 日本建築学会 コンクリート・ポリマー複合体小委員会：第1回コンクリート・ポリマー複合体シンポジウム資料, pp.108-112, 2003
2) サンレックホームページのニュースリリース
3) 中部電力ホームページの技術開発ニュース
4) 協和エクシオホームページのニュースリリース

POLY

第3章

近年、新しい技術によって開発されたものに、①まだ萌芽的な研究段階にあるが、今後の展開が見込めるコンクリート・ポリマー複合体と、②循環型社会における建築物の長寿命化に大きく寄与する、環境負荷低減を考慮したコンクリート・ポリマー複合体があります。本章では、前者としては「耐水性に優れたMDFセメント硬化体」「耐水性に優れたポリマーせっこう」「インテリジェントコンクリート」「オートクレーブ養生ポリマーセメントモルタルおよびコンクリート」「再乳化形粉末樹脂混入ポリマーセメントモルタル用収縮低減剤」「ポリマー混和剤としての高吸水性ポリマー」および「高曲げ強さを有するポリマーセメントモルタル」を、また、後者としては「ポリマー系廃棄物のセメントコンクリート（モルタル）用骨材としてのリサイクル事例」および「ポリマーコンクリート（モルタル）用骨材および結合材としての廃棄物の再資源化技術の動向」を解説しています。

今後期待される
コンクリート・ポリマー複合体①

　今後期待されるコンクリート・ポリマー複合体として，現在，萌芽的な研究段階にあるものについて，3つに分けて紹介する。ここでは，「耐水性に優れたMDFセメント硬化体」と「耐水性に優れたポリマーせっこう」を紹介する。いずれもポリマーを用いることによって，耐水性が大幅に改善されており，建築分野への実用化が期待される材料である。

耐水性に優れたMDFセメント硬化体

　MDF（macrodefect-free）セメント硬化体は，1981年，英国のICI（Imperial Chemical Industries）社によって開発されたもので[1]，水セメント比を通常の1/5～1/3（約8～20%）に抑え，余剰水によって生じる気泡などによる巨視的（macro）な欠陥（defect）を除いて（free），組織をち密化した，ポリマーセメント系複合材料である。

　MDFセメント硬化体の特徴は，従来のセメント硬化体の最大の欠点である低い曲げ強さを飛躍的に改善し，セラミックスレベルに到達させたことである。MDFセメント硬化体の高い曲げ強さは，応力が集中する巨視的な空隙を硬化体中から取り除くこと，および，相互に作用するセメント水和物ゲルの界面におけるポリマーの接着力によって生まれる。現在，その曲げ強さは，普通ポルトランドセメントを用いたもので50～70MPa[1]，アルミナセメントを用いたもので100～150MPa[2]に達する。

　MDFセメント硬化体は，乾燥条件下では非常に高い曲げ強さを発現するが，結合材として水溶性ポリマーを使用しているので，水溶性ポリマーが水に溶解する。そのため，湿潤条件下に暴露された場合には，膨潤してその耐水性が低下する。したがって，MDFセメント硬化体の建築分野への利用を考えた場合，その耐水性の改善が必要不可欠である。MDFセメント硬化体の耐水性改善については，イソシアネート化合物中に浸漬し，その表面に耐水性のあるウレタン層を形成させる方法[3]，架橋剤を用いて水溶性ポリマーを架橋させ，ポリマー自体を改質する方法[4]，加熱養生やオートクレーブ養生を行う方法[5]などの試みがあり，ある程度の耐水性の改善は見られるが，抜本的な改善には至っていない。MDFセメント硬化体の耐水性改善に関する最新の研究事例を，以下に紹介する。

研究事例[6]

　耐水性に劣る水溶性ポリマーの使用量を減じて，成形性と曲げ強さ発現

を液状ポリマーであるエポキシ樹脂に依存させ，さらに熱硬化するフェノール樹脂を併用し，ホットプレス成形（温度：140℃，圧力：17.0MPa，プレス時間：15min（分））を行うことによって，MDFセメント硬化体の耐水性の改善を図った事例である。ホットプレス成形は，熱と圧力を同時に加えて締め固めるため，MDFセメント中の気泡および余分な水を絞り出し，より密実なMDFセメント硬化体の製造を可能にする。さらには，急激な水分の蒸発を防ぎながら加熱することによって，セメントの水和反応を促進させ，初期強度を得ることができる。**図1**および**図2**には，ホットプレス成形後に2時間，200℃で加熱養生して製造したMDFセメント硬化体の水中浸漬前後の曲げ強さおよび48時間水中浸漬後の吸水率をそれぞれ示す。両図から明らかなように，ホットプレス成形後に加熱養生することに

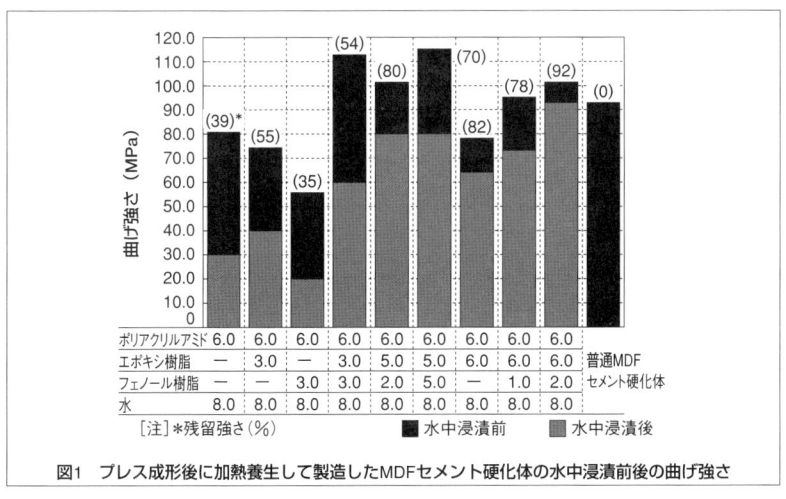

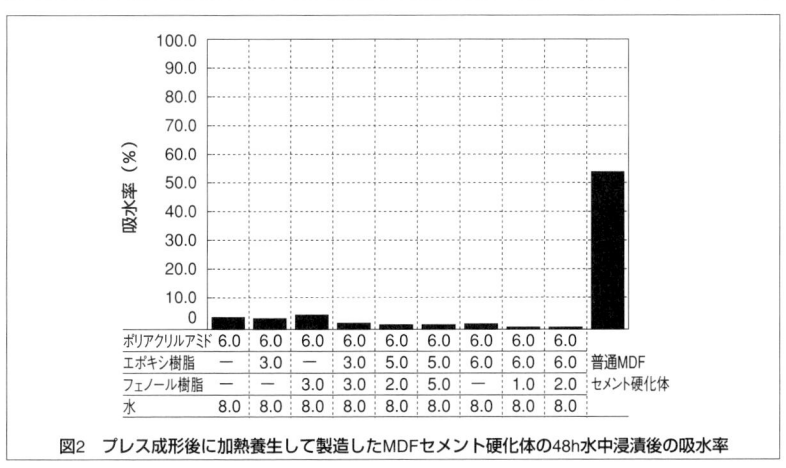

図1 プレス成形後に加熱養生して製造したMDFセメント硬化体の水中浸漬前後の曲げ強さ

図2 プレス成形後に加熱養生して製造したMDFセメント硬化体の48h水中浸漬後の吸水率

よって，その耐水性は改善され，特に，ポリアクリルアミド6.0％，エポキシ樹脂6.0％，フェノール樹脂2.0％，水セメント比8.0％とした調合のMDFセメント硬化体の水中浸漬前後の曲げ強さは，それぞれ，100.0および92.0MPaに達し，残留強さも92％と著しく高くなる。また，吸水率についても2.0％以下と小さく，MDFセメント硬化体の耐水性を大幅に改善している。また，ホットプレス成形の適用は，製造工程の簡略化にもつながる。

耐水性に優れたポリマーせっこう

せっこうは，不燃性，断熱性，遮音性，速硬性，硬化後の寸法安定性などの優れた諸性質を有するばかりでなく，健康にも害を与えない材料として，欠くことのできない建築材料の1つとなっている。現在，せっこうは，せっこうプラスターやせっこうボードといった建築材料に利用されている。しかし，耐水性や耐衝撃性に劣るなどの欠点を有しているため，用途が，天井，床，壁などの屋内での使用に限られている。そのため，せっこうを他材料と組み合わせたせっこう硬化体に関する研究は古くから行われている。一般に，せっこう硬化体の耐水性を向上させる手法としては，鉱物質混和材を混入する方法[7]，ポリマー含浸材やポリマー系結合材を添加する方法[8]などがある。しかし，抜本的な耐水性改善には至っていない。また，せっこう硬化体を完全に水中に浸漬し，長期の耐水性を実現した例はない。最新のせっこう硬化体の耐水性改善に関する研究事例を，以下に紹介する。

研究事例①[9]

ポリマー混和剤とシリカフュームや高炉スラグ微粉末などの鉱物質混和材を併用することによって，せっこう硬化体の長期耐水性を改善した事例である。図3および図4には，β型半水せっこうに，ポリマー混和剤としてスチレンブタジエンゴム（SBR）ラテックス，鉱物質混和材として高炉スラグ微粉末，シリカフュームおよび普通ポルトランドセメント，凝結遅延剤としてクエン酸一水和物，高性能減水剤としてナフタレンスルホン酸塩系高性能減水剤を使用して作製したポリマーせっこう硬化体の曲げおよび圧縮強さと水中浸漬期間の関係をそれぞれ示す。なお，ポリマーせっこう硬化体は，2d（日）湿空5d（日）乾燥養生を行った後に，長期水中浸漬を行っている。3年間水中浸漬しても，ポリマーせっこう硬化体の曲げおよび圧縮強さは，水中浸漬前の強さよりも増加しており，その耐水性が大幅に改善されている。特に，水中浸漬期間3年のシリカフューム無混入のポリマーせっこう硬化体の圧縮強さは，47.9MPaを与え，水中浸漬前の圧縮強さ37.0MPaの約1.3倍に達している。この優れた耐水性は，せっこう

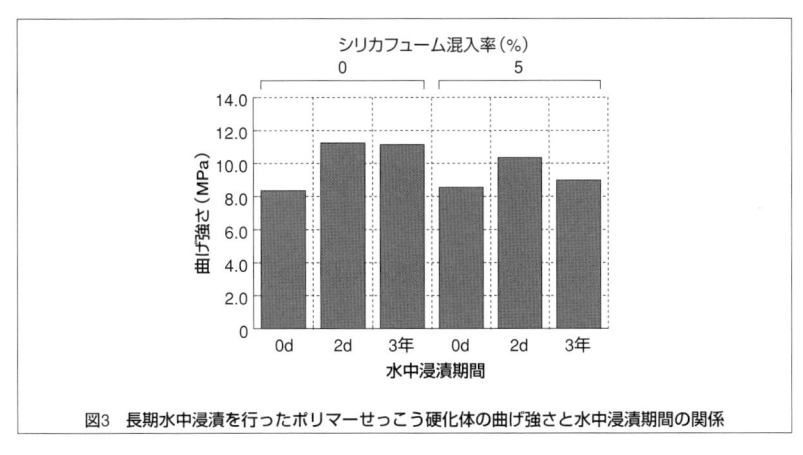

図3 長期水中浸漬を行ったポリマーせっこう硬化体の曲げ強さと水中浸漬期間の関係

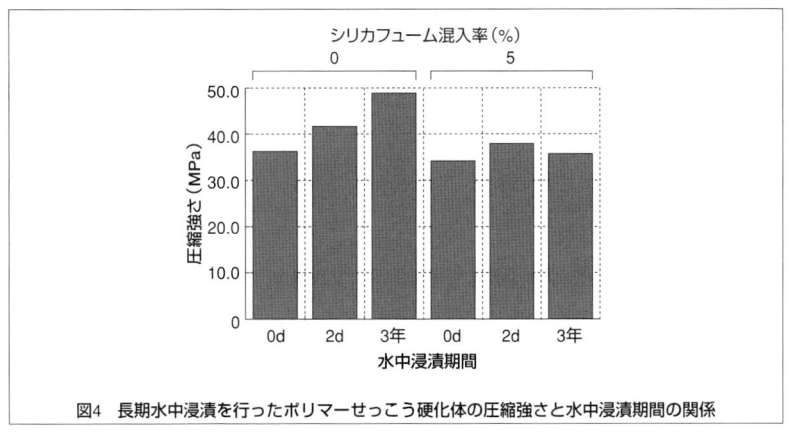

図4 長期水中浸漬を行ったポリマーせっこう硬化体の圧縮強さと水中浸漬期間の関係

の針状結晶間を鉱物質混和材の水和物が充填し，さらに，せっこうと鉱物質混和材からなる結晶間をポリマーフィルムが充填および結晶自体を被覆することによって付与される。

研究事例②[10]

α型半水せっこうに，レゾルシノール，ホルマリン，メタノールおよび塩酸（触媒）を加えることによって，高い曲げ強さと耐水性を有したポリマーせっこう硬化体の製造を可能にした事例である。**図5**には，ポリマーせっこう硬化体の脱型後の初期養生温度と水中浸漬後および乾燥後の曲げ強さの関係を示す。初期養生温度を70℃とした場合，ポリマーせっこう硬化体の養生後の曲げ強さは，18.8MPaであるが，さらに，24h（時間）水中浸漬および30℃で24h（時間）乾燥を行うと，その強さは，それぞれ，13.4 MPa，25.5 MPaになる。水中浸漬後に乾燥することによって，水

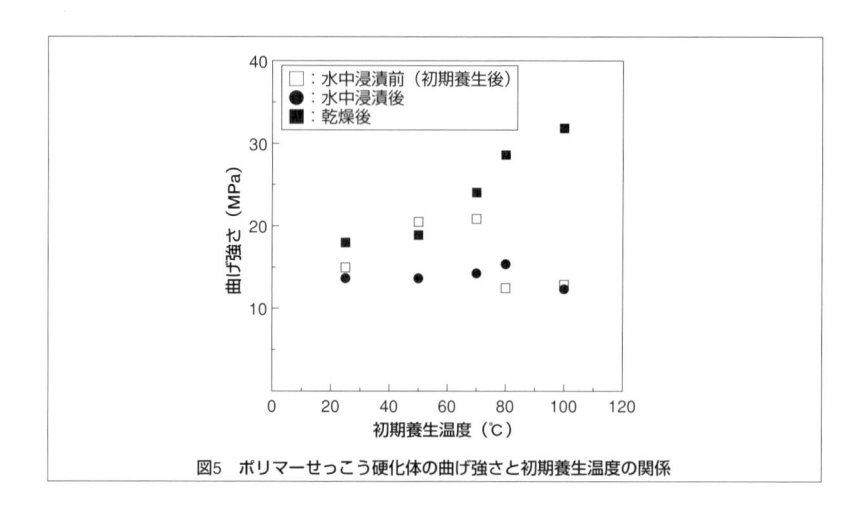

図5 ポリマーせっこう硬化体の曲げ強さと初期養生温度の関係

中浸漬前（初期養生後）の強さよりも40％以上増大している。これは，水中浸漬によって，半水せっこうが二水せっこうに転移し，その際の硬化膨張によって空隙が減少し，さらに，その後の乾燥によって，空隙の少ない二水せっこうと，水分が除去されて強さが回復したポリマーからなる強固なポリマーせっこう硬化体が生成したためである。

【参考文献】
1) Birchall, J.D., Howard, A.J., and Kendall, K. : Flexural Strength and Porosity of Cements, Nature, Vol.289, No.5796, pp.388-390, 1981.1
2) 後藤誠史ら：曲げ強さの高いセメントペースト硬化体，セメント技術年報 37, pp.109-111, 1983.12
3) Young, J.F. : Macro-Defect-Free Cement : A Review, Proceedings of the Materials Research Society Symposium, Vol.179, Specialty Cements with Advanced Properties, Materials Research Society, Pittsburgh, pp.101-121, 1991
4) Lewis, J.A., and Boyer, M.A. : Effects of an Organotitanate Cross-linking Additive on the Processing and Properties of Macro-Defect-Free Cement, Advanced Cement Based Materials, Vol.2, No.1, pp.2-7, 1995.1
5) 小林利充・大濱嘉彦・出村克宣：エポキシ樹脂の混入によるMDFセメント硬化体の耐水性改善，コンクリート工学論文集, Vol.19, No.1, pp.529-534, 1997.6
6) 大濱嘉彦・小林利充・出村克宣：ホットプレス成形によるMDFセメント硬化体の耐水性改善，材料, Vol.50, No.8, pp.873-876, 2001.8.
7) Bentur, A., Kovler, K., and Goldman, A. : Gypsum of Improved Performance Using Blend with Portland Cement and Silica Fume, Advances in Cement Research, Vol.6, No.23, pp.109-116, 1994.7
8) 山口格ら：樹脂含浸セッコウに関する研究（Ⅰ），石膏と石灰, No.141, pp.8-13, 1976
9) 熊谷慎祐・大濱嘉彦：高耐水性せっこう硬化体の開発，材料, Vol.51, No.10, pp.1129-1134, 2002.10
10) 高田朋辞・辻毅一・長谷川正木：高強度・高耐水性ポリマーセッコウ複合材料の作製，無機マテリアル, Vol.8, No.293, pp.268-274, 2001.7

今後期待される コンクリート・ポリマー複合体②

ここでは,「インテリジェントコンクリート」と「オートクレーブ養生ポリマーセメントモルタルおよびコンクリート」を紹介する。

インテリジェントコンクリート

インテリジェントコンクリートとは,環境条件の変化に応じて,自己修復機能や自己制御機能を有するようなインテリジェント材料を用いたコンクリートをいう。すなわち,「補修しないと危険」あるいは「もうそろそろ壊れる」といった状態を,材料自体が診断し,その判断に基づいて,欠陥を補修・補強するコンクリートのことをいう。

インテリジェント材料の原理は,建設分野だけでなく,航空機,自動車,船舶,医療などの多様な分野に広く適用できるものである。現在,建設分野においては,鉄筋コンクリート構造物の長寿命化や早期劣化の解決策として,このインテリジェントコンクリートの利用が考えられている。インテリジェントコンクリートの開発に関する研究事例について,以下に紹介する。

研究事例①

ひび割れの制御および自己修復機能をもつインテリジェントコンクリートの事例である。

これは,コンクリートにひび割れが発生したとき,もしくは,ある大きさの圧縮力が働いたときに,あらかじめコンクリート中に埋め込んでおいた,補修材を封入したガラス管が割れて,封入していた補修材がコンクリート中に流出することによって,ひび割れを自己修復するものである[1),2)]。

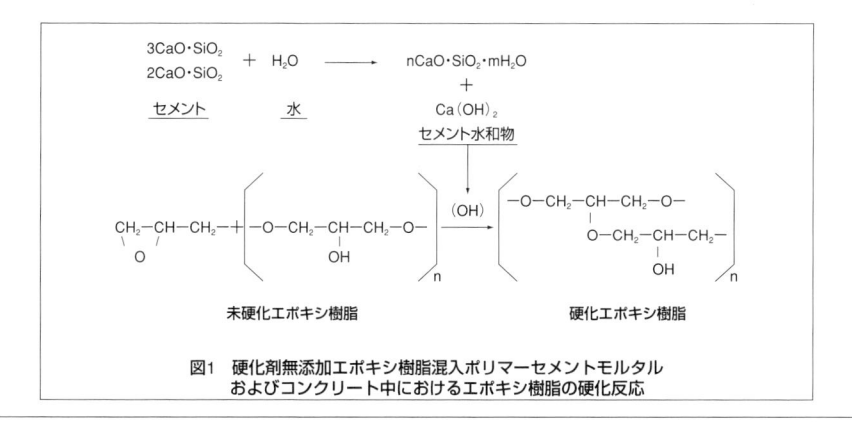

$$3CaO \cdot SiO_2 + H_2O \longrightarrow nCaO \cdot SiO_2 \cdot mH_2O$$
$$2CaO \cdot SiO_2$$
セメント　　　水　　　　　　　　　＋
　　　　　　　　　　　　　　　Ca(OH)$_2$
　　　　　　　　　　　　　　セメント水和物

未硬化エポキシ樹脂 → 硬化エポキシ樹脂

図1　硬化剤無添加エポキシ樹脂混入ポリマーセメントモルタルおよびコンクリート中におけるエポキシ樹脂の硬化反応

このほか，補修材を封入したガラス管の代わりに，エポキシ樹脂をカプセル化した事例もある[3]。これは，硬化剤を添加しなくても，ポリマーセメントモルタルおよびコンクリート中においては，エポキシ樹脂が硬化することを利用している。**図1**に示すように，混入した硬化剤無添加エポキシ樹脂が，セメント水和物から生じる水酸化物イオン（OH^-）の触媒作用によって硬化する。すなわち，硬化剤無添加エポキシ樹脂混入ポリマーセメントモルタルおよびコンクリート中においては，エポキシ樹脂相の表層部だけが硬化し，未硬化エポキシ樹脂が，硬化したエポキシ樹脂層に包まれ，自己カプセル化する。**図2**には，この硬化剤無添加エポキシ樹脂混入ポリマーセメント系インテリジェントコンクリートの自己修復機能の概略を示す。

実際に，硬化剤無添加エポキシ樹脂混入ポリマーセメントモルタルに，その最大荷重の85％を予備載荷して，強制的に微細ひび割れを発生させた後，さらに，乾燥養生を行うことによって，その強度回復を可能にしている[4]。

研究事例②

水和熱制御機能をもつインテリジェントコンクリートの事例である[5]。

これは，コンクリート練混ぜの際に，遅延剤を封入した水和熱制御用カプセルを混入し，セメントの水和熱による温度上昇を利用して，カプセル

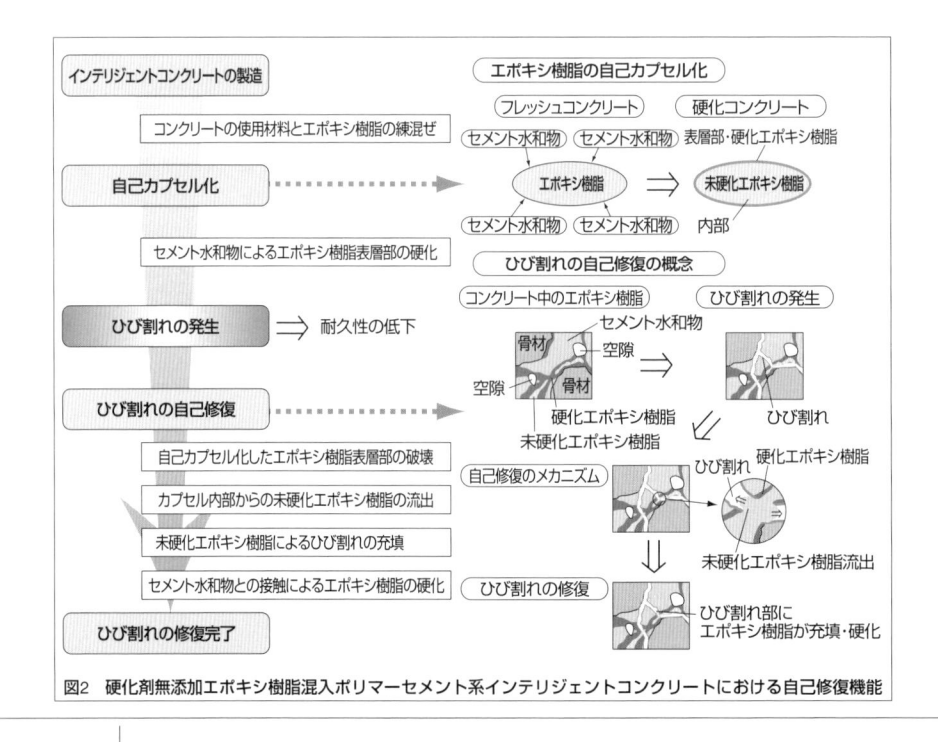

図2 硬化剤無添加エポキシ樹脂混入ポリマーセメント系インテリジェントコンクリートにおける自己修復機能

が融解し，その中の遅延剤がコンクリート中に流出することで，セメントの水和熱を抑制している。このインテリジェントコンクリートは，マスコンクリート内部のセメントの水和熱の抑制用として考えられている。なお，水和熱制御用カプセルは，オキシカルボン酸塩系遅延剤をパラフィンでカプセル化したもの（平均粒径：150μm，設定溶融温度：48℃）を用いている。図3には，このカプセルを混入したコンクリートおよびプレーンコンクリートの温度履歴を示す。この図からも明らかなように，プレーンコンクリートの最高温度は，60℃以上になるのに対して，カプセル混入コンクリートの最高温度は，設定した溶融温度（48℃）までしか上昇しない。このことは，水和熱制御用カプセルを混入することで，水和熱による温度上昇を制御できることを示唆している。

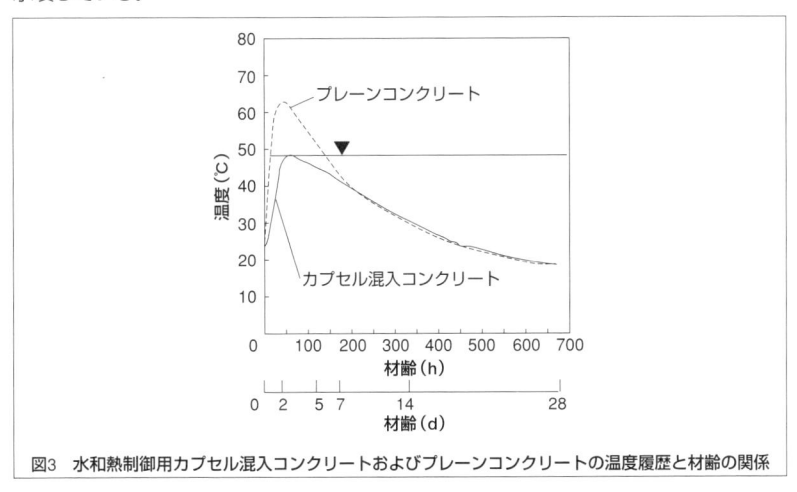

図3 水和熱制御用カプセル混入コンクリートおよびプレーンコンクリートの温度履歴と材齢の関係

オートクレーブ養生ポリマー
セメントモルタルおよびコンクリート

　一般に，オートクレーブ養生は，早期強度の発現を目的として，プレキャストコンクリート製品の製造に利用されている。一方，ポリマーセメントモルタルおよびポリマーコンクリートについても，オートクレーブ養生を適用したプレキャスト製品の製造が切望されている。そこで，オートクレーブ養生ポリマーセメントモルタルおよびコンクリートに関する最新の研究事例について，以下に紹介する。

研究事例

　シリカ質混和材として，高炉スラグ微粉末および高純度シリカを用いたポリマーセメントモルタルについて，オートクレーブ養生を行った事例で

ある[6]。**図4**には，その曲げおよび圧縮強さに及ぼすシリカ質混和材およびオートクレーブ養生時の最高温度の影響を示す。この図から明らかなように，シリカ質混和材としては高炉スラグ微粉末が，また，セメント混和用ポリマーディスパージョンとしてはスチレンブタジエンゴム（SBR）ラテックスが優れた性質を与えている。一方，セメント混和用ポリマーディスパージョンとして，エチレン酢酸ビニル（EVA）およびポリアクリル酸エステル（PAE）を用いたポリマーセメントモルタルの曲げおよび圧縮強さは，ポリマー結合材比の増加に伴って，一定または減少する傾向にある。これは，オートクレーブ養生中にEVAおよびPAEのけん化によるポリマーフィルムの劣化に起因するものと考えられる。

このため，高炉スラグ微粉末とSBRラテックスを混入したポリマーセメ

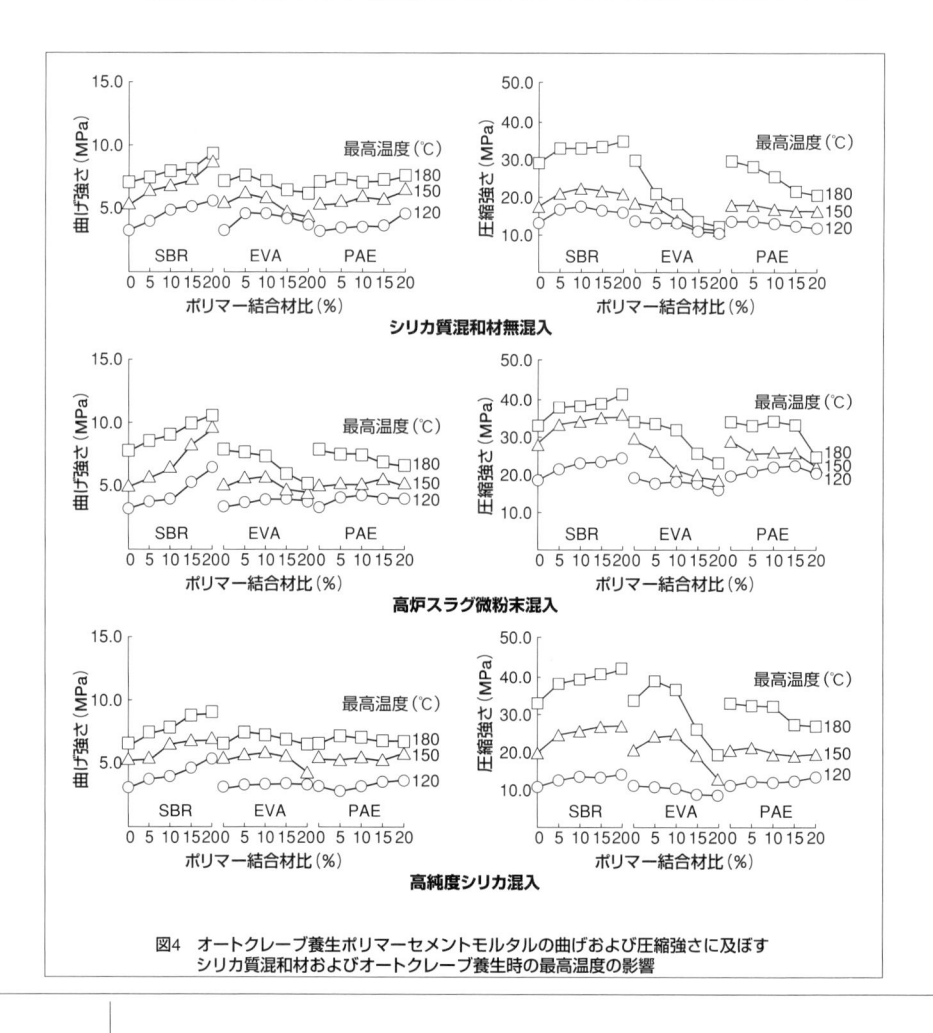

図4 オートクレーブ養生ポリマーセメントモルタルの曲げおよび圧縮強さに及ぼすシリカ質混和材およびオートクレーブ養生時の最高温度の影響

図5 オートクレーブ養生SBR混入ポリマーセメントコンクリートの圧縮強度とポリマー結合材比の関係

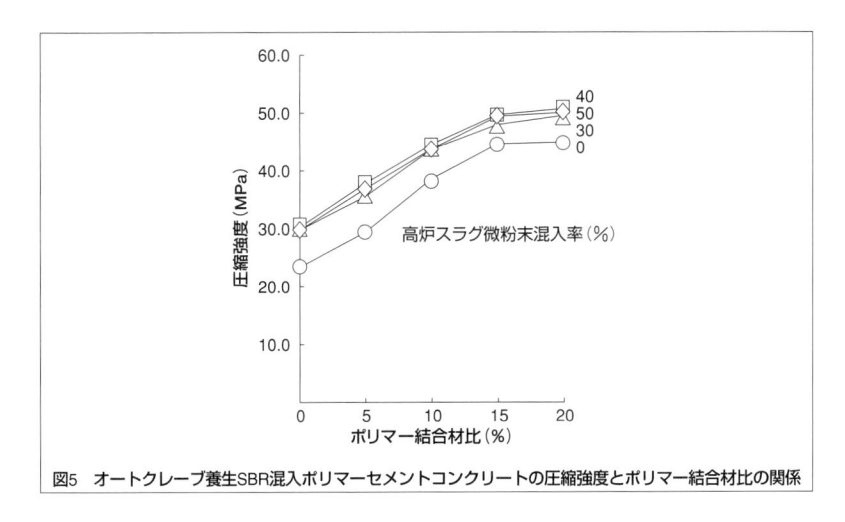

ントコンクリートの圧縮強度の発現を検討した結果を図5に示す[7]。ポリマー結合材比および高炉スラグ微粉末混入率の増加に伴って,ポリマーセメントコンクリートの圧縮強度は増大する。

また,その強度は,ポリマーセメントコンクリートの標準的な養生である理想養生{2d(日)湿空[20℃,80%(RH)]+5d(日)水中(20℃)+21d(日)乾燥[20℃,50%(RH)]養生}を行ったポリマーセメントコンクリートよりも高い。

【参考文献】
1) 三橋博三・乾 弘泰・西脇智哉:止水機能を自動的に回復するインテリジェントコンクリートの開発に関する研究,日本建築学会東北支部研究報告集,No.60,pp.397-400,1997.6
2) 沼尾達也・福沢公夫・三橋博三:補修材封入による自己修復機能付加に関する基礎的研究,コンクリート工学年次論文報告集,Vol.21 No.1,pp.97-102,1999.6
3) 大濱嘉彦・出村克宣・内川 浩:硬化剤無添加エポキシ樹脂混入ポリマーセメント系におけるエポキシ樹脂とセメント水和物の相互作用,セメント・コンクリート論文集,No.49,pp.252-257,1995.12
4) Ohama, Y., Demura, K., and Katsuhata, T.: Investigation of Microcracks Self-Repair Function of Polymer-Modified Mortars Using Epoxy Resins without Hardeners, Proceedings of the Tenth International Congress on Polymers in Concrete, The University of Texas at Austin, Austin, USA, pp.1-10, 2001.11
5) 小林利充・西山直洋・三橋博三:インテリジェント材料によるコンクリートの水和熱抑制-実構造物への適用に向けた基礎実験,セメント・コンクリート,No.660,pp.40-46,2002.2
6) 出村克宣・大濱嘉彦・朱 明基:オートクレーブ養生ポリマーセメントモルタルの強さに及ぼすオートクレーブ養生条件の影響,コンクリート工学年次論文報告集,Vol.22,No.2,pp.565-570,2000.6
7) 朱 明基・大濱嘉彦・出村克宣:高炉スラグ微粉末を含むオートクレーブ養生SBR混入ポリマーセメントコンクリートの強度性状,日本建築学会構造系論文集,No.545,pp.1-6,2001.7

今後期待される
コンクリート・ポリマー複合体③

　ここでは、「再乳化形粉末樹脂混入ポリマーセメントモルタル用収縮低減剤」と「ポリマー混和剤としての高吸水性ポリマー」および「高曲げ強さを有するポリマーセメントモルタル」を紹介する。

再乳化形粉末樹脂混入ポリマーセメントモルタル用収縮低減剤

　再乳化形粉末樹脂は，1950年代後半，旧西ドイツで開発され，その取扱いやすさから，建設分野への利用が試みられたが，再分散性，最低成膜温度，ポリマーフィルムの耐水性などに問題があったため，広範囲に用いられなかった。しかしながら，最近，これらの問題を解決した高性能な各種再乳化形粉末樹脂が開発，市販され，それらを用いた仕上塗材，タイル用接着材，塗膜防水材，鉄筋コンクリート構造用補修材などが建設分野で使用されている。ポリマーディスパージョンは，液状であるが，これと同様の性能を有する再乳化形粉末樹脂を利用することによって，現場施工において，練混ぜ水だけを加えて使用できるPrepackaged型（一材型）ポリマーセメントモルタル製品の製造が可能となっている。しかしながら，再乳化形粉末樹脂を混入したポリマーセメントモルタルは，ポリマーディスパージョンを混入したポリマーセメントモルタルに比べて，その乾燥収縮は，相当に大きい。これは，ポリマーディスパージョンよりも再乳化形粉末樹脂を用いた方が，同じワーカビリティーのポリマーセメントモルタルを製造するのに必要な水セメント比が大きくなるためである。再乳化形粉末樹脂混入ポリマーセメントモルタルの乾燥収縮低減に関する最新の研究事例について，以下に紹介する。

研究事例

　近年，再乳化形粉末樹脂混入ポリマーセメントモルタルの乾燥収縮の低減には，ポリエーテル系粉末収縮低減剤の添加が，最も有効であることが明らかとなっている[1]。

　また，粉末消泡剤についても，セメントモルタルに連行される空気量の減少と，セメントペースト中の毛管中に存在する水の表面張力の低下による乾燥収縮の低減を目的としたものが開発されている。そこで，再乳化形粉末樹脂混入ポリマーセメントモルタルの性質に及ぼす粉末消泡剤の種類の影響について検討した事例である[2]。

図1には，粉末消泡剤および粉末収縮低減剤添加の再乳化形粉末樹脂混入ポリマーセメントモルタルの乾燥期間28d（日）における乾燥収縮とポリマーセメント比の関係を示す。再乳化形粉末樹脂混入ポリマーセメントモルタルの乾燥収縮は，ポリマーセメント比の増加によって増大するものの，粉末消泡剤と粉末収縮低減剤を併用添加することによって，その乾燥収縮を減少させることができる。

　粉末消泡剤の種類としては，ポリオキシエチレン・ポリオキシプロピレン・モノオレイルエーテル（PA-1）が，最も優れた乾燥収縮低減効果がある。このため，さらに，その粉末消泡剤の最適添加率を検討した結果を**図2**に示す[3]。

　ポリマーセメント比にかかわらず，再乳化形粉末樹脂混入ポリマーセメントモルタルの乾燥収縮は，粉末消泡剤の添加率の増加に伴って減少する傾向にある。この乾燥収縮結果と，曲げ強さおよび吸水率試験結果を合わ

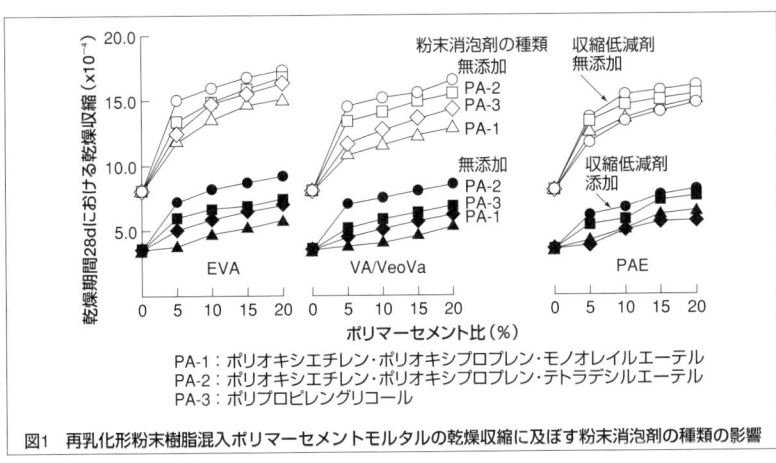

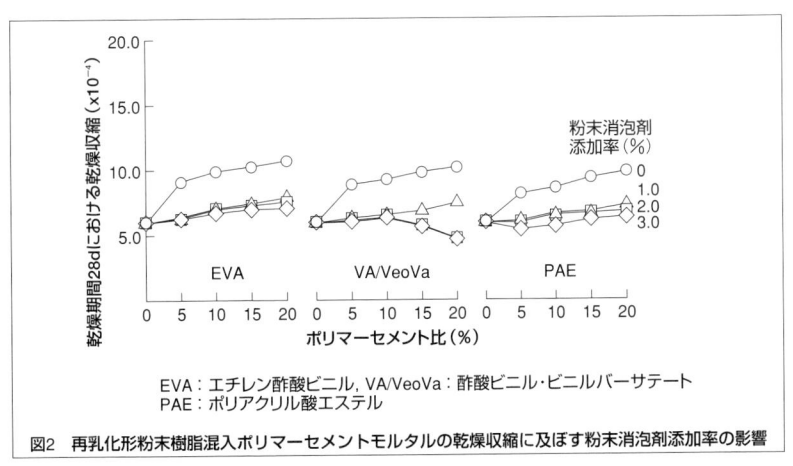

PA-1：ポリオキシエチレン・ポリオキシプロピレン・モノオレイルエーテル
PA-2：ポリオキシエチレン・ポリオキシプロピレン・テトラデシルエーテル
PA-3：ポリプロピレングリコール

図1　再乳化形粉末樹脂混入ポリマーセメントモルタルの乾燥収縮に及ぼす粉末消泡剤の種類の影響

EVA：エチレン酢酸ビニル，VA/VeoVa：酢酸ビニル・ビニルバーサテート
PAE：ポリアクリル酸エステル

図2　再乳化形粉末樹脂混入ポリマーセメントモルタルの乾燥収縮に及ぼす粉末消泡剤添加率の影響

せて鑑みると，再乳化形粉末樹脂混入ポリマーセメントモルタルに対する粉末消泡剤の最適添加率は，2.0%である。

ポリマー混和剤としての高吸水性ポリマー（高吸水性樹脂）

　　　高吸水性ポリマー（高吸水性樹脂）とは，自重の100倍以上の水を吸収し，多少の力を加えても，外に水が排出されないポリマーのことをいう。この高吸水性ポリマーは，カルボキシル基を有する電解質ポリマー，または，多くのヒドロキシル基を有する親水性ポリマーをわずかに架橋することによってつくられる。そのため，架橋された構造をもつポリマーの中に水が入ると，水とポリマーが強く化学結合するため，水が外に排出されにくくなる。この高吸水性ポリマーは，1974年，米国農務省北部研究所において開発されたもので，1978年に，生理用ナプキンで初めて実用化された[4]。現在でも，紙おむつや生理用品などの衛生関連分野を中心に用いられているが，その優れた吸水および保水性能を生かして，建設分野においても，広範囲に利用されている。

　　　高吸水性ポリマーに関する最新の研究事例について，以下に紹介する。

研究事例①

　　　高吸水性ポリマーを用いた地球温暖化防止技術（環境緑化およびヒートアイランド防止技術）[5]の事例である。

　　　都心部において，アスファルトやコンクリートからの放射熱，エアコンから排出される熱，自動車の排出するNOxなどが原因となり，都心部の平均気温は毎年上昇している。この対策として，高吸水性ポリマーがもつ吸水および放水性能を用いた湿度調整と気化熱による温度抑制効果に注目し，

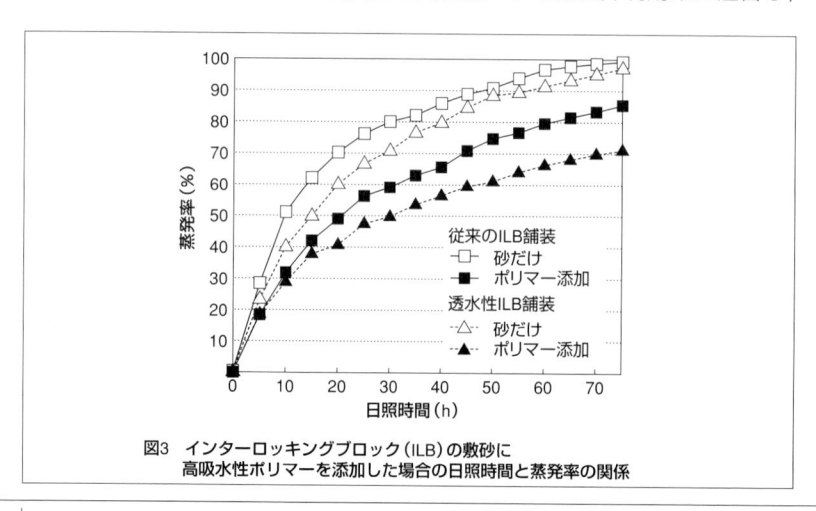

図3　インターロッキングブロック（ILB）の敷砂に
高吸水性ポリマーを添加した場合の日照時間と蒸発率の関係

研究や製品開発が行われている。**図3**には[5]，インターロッキングブロックの敷砂に高吸水性ポリマーを添加した場合の水分の蒸発を示すもので，高吸水性ポリマーの添加によって，長期間にわたる保水効果が期待できる。

他にも，屋上および壁面緑化用の土壌に高吸水性ポリマーが用いられている。屋上および壁面緑化する場合，植物の基盤となる土壌についても軽量が必要となる。しかし，軽量土壌は保水力に乏しいため，その対策として，高吸水性ポリマーが用いられている。

研究事例②

高吸水性ポリマーを用いたコンクリートの性能改善技術[6),7)]の事例である。

高吸水性ポリマーの中には，コンクリート中の水酸化カルシウム溶液中ではほとんど吸水せず，中性または酸性の水に接すると急激に吸水膨張するものがある。この高吸水性ポリマーをコンクリートに添加し，脱型直後に散水すると，コンクリート表面部の高吸水性ポリマーが吸水膨張し，コンクリート表面をゲルが覆い，封かん養生のようになる。**図4**には[6)]，吸水特性を示す高吸水性ポリマーを添加したコンクリートに脱型直後散水し，その後，気中，封かんおよび水中養生した場合の圧縮強度の比較を示す。高吸水性ポリマーの添加量の増加に伴い，気中または封かん養生を行っても，水中養生を行った場合とほぼ同じ強度に近づく傾向にある。すなわち，圧縮強度比が1.0に近づく。

マスコンクリートの施工において，温度ひび割れを抑制・防止する観点から，高吸水性ポリマーの利用が試みられている。一般に，マスコンクリートのプレクーリング工法としては，あらかじめコンクリートに用いられる材料を冷却する方法と，練り上がったコンクリートの温度を液体窒素で

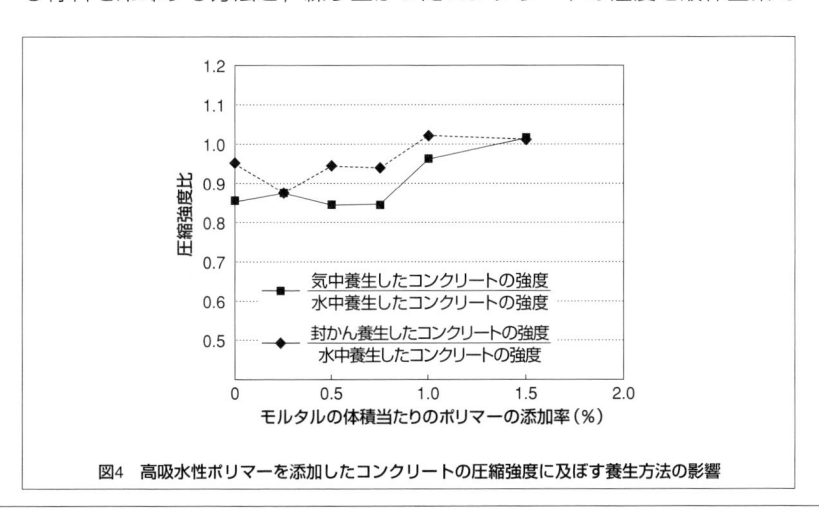

図4 高吸水性ポリマーを添加したコンクリートの圧縮強度に及ぼす養生方法の影響

冷却する方法が用いられている。水を冷却して氷にする場合，練混ぜ中に完全に融解するために，フレーク状にする必要がある。そのため，水の代替材料として吸水させて，冷却凍結した高吸水性ポリマーが利用されている。

研究事例③

高吸水性ポリマーを用いた建設汚泥のリサイクル技術[8]の事例である。

近年，都市整備基盤の拡充に伴う地下利用の掘削工事が増加傾向にある。それに伴い，地中連続壁工法，シールド工法，場所打ち杭工法，地盤改良工法などから，ベントナイト溶液やセメントミルクなどを含んだ大量の建設汚泥が排出されている。建設汚泥の排出量の増加は，年々新設および増設が困難となっている管理型処分場の残余年数の短命化と共に，大量の不適正処理，不法投棄などによる自然破壊につながっている。そこで，大量に発生する建設汚泥を再生資源として利用するためのリサイクル技術に，高吸水性ポリマーが用いられている。この技術は，植物性高吸水性ポリマーと特殊セメント系固化材を使用するもので，建設汚泥を短時間で再生資源としての利用を可能にする。これは，汚泥と固化材が混合する際に，水分を取り込んでゲル化し，造粒機の回転によって造粒し，造粒後は，固化材の水和反応によって固化するものである。

高曲げ強さを有するポリマーセメントモルタル

セメントモルタルおよびコンクリートは，圧縮強さが最も大きいため，曲げおよび引張強さを考慮することなく部材設計を行う場合が多い。しかしながら，セメントモルタルおよびコンクリートの高強度化，特に，曲げおよび引張強さの向上は，部材厚の薄い永久型枠やカーテンウォールなどのプレキャストコンクリートの製造を可能にする。また，部材厚を薄くすることは，部材の軽量化，運搬および建込み作業の省力化につながり，セメントモルタルやコンクリート製品の設計や施工の合理化を実現する。セメントモルタルの曲げ強さの改善については，各種繊維やポリマー混和剤の混入によって，ある程度の高曲げ強さを有するセメントモルタルの開発が可能になっている。近年，繊維を用いずに，ポリマー混和剤だけで高曲げ強さを有するポリマーセメントモルタルに関する研究が行われているので，それらの研究事例について，以下に紹介する。

研究事例[9]

ポリメタクリル酸エステル系ポリマーディスパージョンとポリカルボン酸系高性能減水剤と早強ポルトランドセメントを使用し，水セメント比20.5％，ポリマーセメント比11.0％，砂セメント比1.5の調合のポリマ

ーセメントモルタルを蒸気養生(最高温度65℃で3時間保持)することによって,高曲げ強さを有するポリマーセメントモルタルを開発した事例である。表1には,高曲げ強さを有するポリマーセメントモルタルおよび比較体として作製した普通セメントコンクリートの力学的性状を示す。普通セメントコンクリートに比べて,ポリマーセメントモルタルの曲げ強さは3.1倍,圧縮強さは1.8倍,引張強さは2.1倍となる。特に,曲げ強さの改善効果が大きい。これは,ポリマーディスパージョンによる空隙の充填,早強ポルトランドセメントによる水和反応の増進,空隙構造の密実化,更に,蒸気養生によるそれら効果の促進が図られたためである。また,このポリマーセメントモルタルは,フロー値が290と大きいにもかかわらず,材料分離がなく,練混ぜ直後と1時間経過後のフロー値の変化も比較的小さい,自己充填性を有している材料でもある。

表1 高曲げ強さを有するポリマーセメントモルタルと普通セメントコンクリートの力学的性状

力学的性状	ポリマーセメントモルタル	普通セメントコンクリート
曲げ強さ(MPa)	15.3	4.9
圧縮強さ(MPa)	78.0	42.7
引張強さ(MPa)	6.7	3.2
せん断強さ(MPa)	11.4	―
弾性係数(GPa)	29.10	30.39
ポアソン比	0.22	0.17

【参考文献】
1) 大濱嘉彦・出村克宣・金 完基:再乳化形粉末樹脂混入ポリマーセメントモルタルの乾燥収縮及び強さ,コンクリート工学年次論文報告集,Vol.19, No.1, pp.697-702, 1997.6
2) 遠藤秀彦・大濱嘉彦・出村克宣:粉末収縮低減剤を添加した再乳化形粉末樹脂混入ポリマーセメントモルタルの性質に及ぼす粉末消泡剤の影響,コンクリート工学年次論文報告集,Vol.23, No.2, pp.163-168, 2001.6
3) 大濱嘉彦・出村克宣:再乳化形粉末樹脂混入ポリマーセメントモルタルの乾燥収縮に及ぼす粉末収縮低減剤と粉末消泡剤の併用添加の効果,日本建築学会大会学術講演梗概集(関東),A-1 材料施工,pp.431-432, 2001.9
4) 高分子学会:高分子新素材便覧,丸善,東京,pp.228-232, 1989.9
5) 伊藤幸広・松浦誠司・辻 正哲:地表面温度低減機能を有するインターロッキングブロック舗装に関する研究,土木学会論文集,Vol.32, No.544, pp.11-20, 1996.8
6) 辻 正哲・舌間孝一郎・磯部大輔:高吸水性高分子をコンクリート用混和剤として用いた場合における養生の簡略化,初期ひび割れ抑制および漏水防止に関する基礎的研究,材料,Vol.48, No.11, pp.1308-1315, 1999.11
7) 伊藤幸広・辻 正哲・久保正明:冷却した高吸水性ポリマーを添加したコンクリートに関する研究,土木学会論文集,Vol. 23, No.490, pp. 71-80, 1994. 5
8) 工藤定實:高吸水性ポリマーを使用した建設汚泥のリサイクルシステム,Polymers-in-Concrete委員会第76回定例会資料,42p., 1999.11
9) 林 志翔:高曲げ強さを持つポリマーセメントモルタルの研究,材料,Vol. 54, No. 9, pp. 958-964, 2005.9

環境負荷低減(循環型社会)を考慮したコンクリート・ポリマー複合体①

　環境負荷低減(循環型社会)を考慮したコンクリート・ポリマー複合体について，2つに分けて紹介する。ここでは，「ポリマー系廃棄物のセメントコンクリート(モルタル)用骨材としてのリサイクル事例」について紹介する。

ポリマー系廃棄物のセメントコンクリート(モルタル)用骨材としてのリサイクル事例

廃FRP

　FRPは，高強度で，耐食性，耐衝撃性および耐磨耗性に優れることから，浴槽，サニタリーユニット，システムキッチン，浄化槽，水槽，サイロ，漁船，自動車，ヘルメット，スポーツ用品などに使用されており，その生産量は，年間34万tにも達している。一方，年間約20万tを超える廃FRPが産業廃棄物や一般廃棄物として排出され，環境負荷の一要因となっている。このため，廃FRPを破砕・粉砕処理した二次原料を，セメントコンクリート(モルタル)用骨材や補強材として有効利用することを目的とした研究開発が活発に進められている。

　古川らは，廃FRPを超微粉体化(平均粒径，15～20μm)したものを，セメントコンクリート(モルタル)用細骨材の一部代替材料として用いても，強度・耐久性に問題がないとしている[1]。

　㈱クボタでは，新エネルギー・産業技術総合開発機構(NEDO)受託事業のうち，「リサイクル等環境技術研究開発」の一環として，廃FRP浴槽粉粒体化の実証プラントを開発するとともに，製造した廃FRP粉粒体を混入したセメントモルタル洋瓦の実機製造ラインを試作し，軽量化，補強効果などの可能性を検討している。その結果，繊維形状を保つ粉粒体(粒径，0.45～1.6mm)およびフレーク状の破砕機処理品(長さ，4および8mm)を骨材質量の5％程度置換しても，セメントモルタルの成形性を阻害せず，無添加のものに比べて強度が若干向上する傾向にあることを明らかにしている。図1には，廃FRP浴槽の粉粒体化設備のフローチャートを示す[2]。

廃PET

　1997年4月に施行された「容器包装リサイクル法」によって，使用済みPETボトルに代表される，廃プラスチックの回収は広く行われている。しかし，そのリサイクル用途は，あまり確立されておらず，何らかの形態

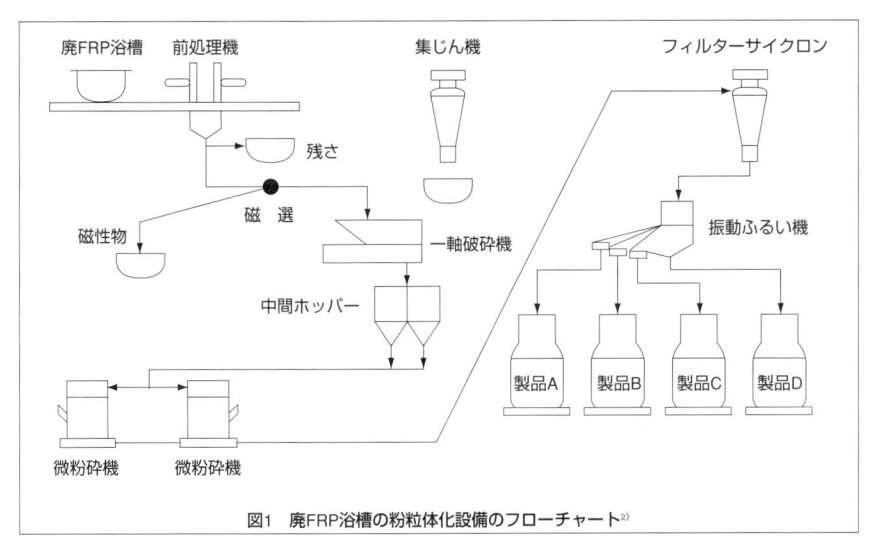

図1 廃FRP浴槽の粉粒体化設備のフローチャート[2]

で中間処理施設に蓄積されている場合もある。

日本レスコ㈱では,廃PET60〜80%と廃PET以外の廃プラスチックを混合し,そのまま粉砕・溶融・成形することによって,軽量骨材「ペットストーン」を製造する技術を開発している。これを使用したセメントコンクリートの曲げ強度は,天然砕石使用セメントコンクリートと同程度のものが得られ,しかも,軽量化にも有効であることなどを確認している。写真❶には,「ペットストーン」の外観を示す[3]。

写真❶ ペットストーン[3]

小出らは,廃PETボトルを約80%含む廃プラスチックを原料とし,溶融・成形・破砕の工程によって製造された廃プラスチック製骨材(粒径:5〜10mm,密度:1.24g/cm^3,吸水率:約0%)を用いて,軽量セメントコンクリートの調合・破壊特性・圧縮強度・温度変化に対する影響などに関する実験的検討を行った結果,表乾密度約1.8g/cm^3,圧縮強度25MPaのセメントコンクリートが製造可能であるとしている[4]。

廃ゴム

Liらは,特殊な表面処理を施した廃ゴムタイヤ粒子で細骨材の一部[33%(体積百分率)]を置換したセメントコンクリートは,普通セメントコンクリートよりも強度は低いものの,靭性に富み,エネルギー吸収能力

や振動絶縁能力に優れることなどを明らかにしている。**図2**には，砂の体積の33%をゴムで置換したゴム混入セメントコンクリートの曲げ性状を示す[5]。

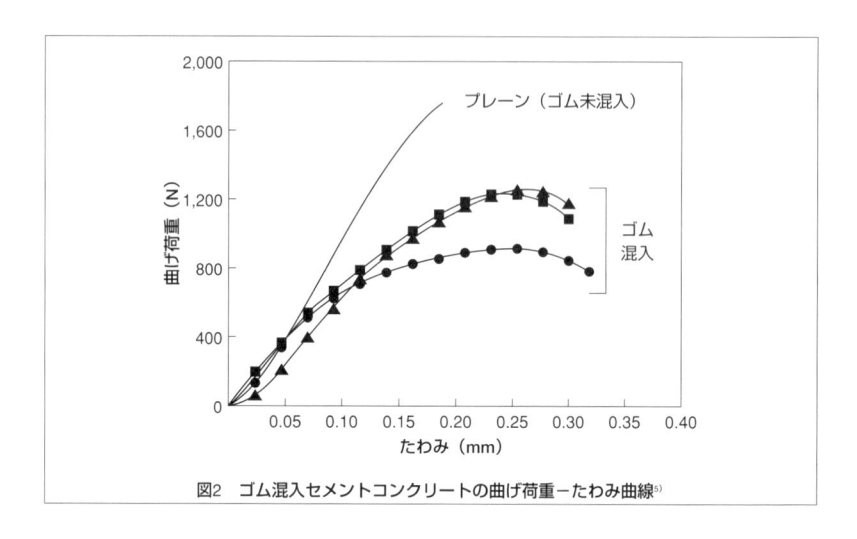

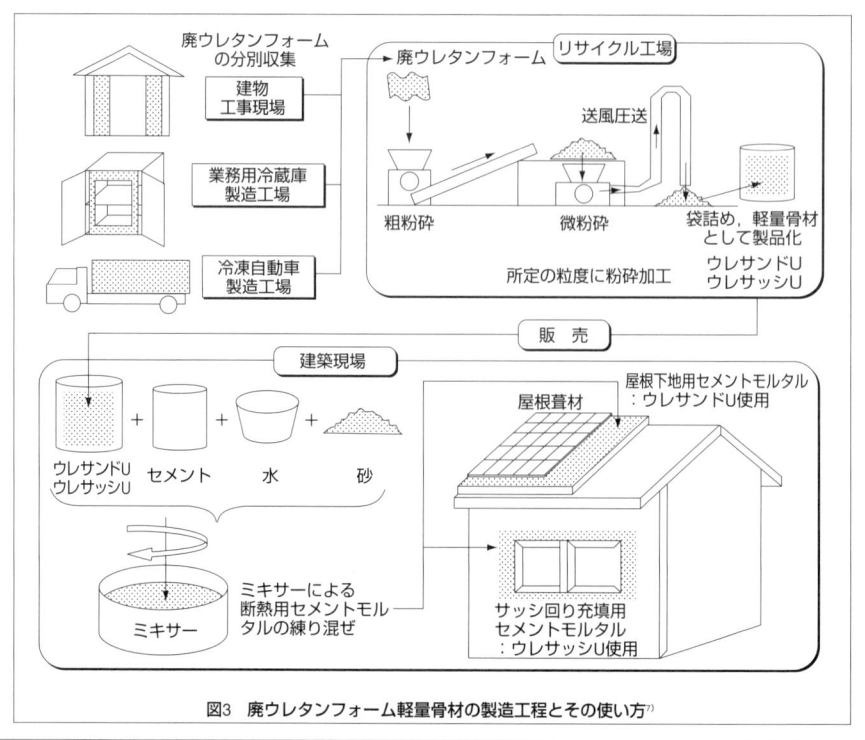

図2　ゴム混入セメントコンクリートの曲げ荷重－たわみ曲線[5]

図3　廃ウレタンフォーム軽量骨材の製造工程とその使い方[7]

Raghavanらは，廃タイヤから採取したゴムの細片および細粒子を混入したセメントモルタルは，ゴム顆粒未混入のものに比べて強度は低下するが，プラスチックひび割れは，改善されるとしている[6]。

廃有機系断熱材

　宮田らは，建築物の断熱工事，業務用冷蔵庫や冷凍自動車などの製造工程で発生する廃ウレタンフォームを分別回収し，駆動カッター式破砕機で40mm角程度に一次破砕し，次いで，ハンマー式破砕機で粒径1～4mm程度に二次破砕したものを，軽量骨材「ウレサンド」として製品化している。ウレサンドは，現場でセメント，砂および水と混合して練り混ぜ，断熱用セメントモルタルとして使用される。ウレサンドを用いた屋根下地用セメントモルタルの断熱性能は，従来のセメントモルタルの3倍程度である。**図3**には，廃ウレタンフォーム軽量骨材の製造工程とその使い方を示す[7]。**表1**および**表2**には，廃ウレタンフォーム軽量骨材「ウレサンドU」および「ウレサッシU」を用いたセメントモルタルの物理的性質を示す[7]。

　田中らは，廃EPSを粗粉砕，樹脂処理，遠赤外線照射などの工程を組み合わせて処理した二種類の廃EPS骨材を開発し，それを超軽量プレキャストセメントコンクリート部材に適用したところ，比強度，凍結融解に対す

表1　廃ウレタンフォーム軽量骨材「ウレサンドU」を用いたセメントモルタルの物理的性質（SI単位系導入前の試験による）[7]

試験項目	測定材齢	試験方法	試験値
保釘力（kgf/本）	7日釘打ち 28日引抜き	トルクレンチ型 保釘力試験機	98
付着強度（kgf/cm^2）	28日	日本住宅公団	6.1
熱伝導率（kcal/m・h・℃）	7日	JIS A1412	0.320
気乾密度（g/cm^3）	28日	−	1.27
耐火性能		建設省告示第1828号に規定する不燃材料としての防火性能に合格し，屋根30分耐火構造指定を取得	
圧縮強度（kgf/cm^2）	28日	JIS A1108	94.0
乾燥収縮（%）	6か月	JIS A1129	0.191

表2　廃ウレタンフォーム軽量骨材「ウレサッシU」を用いたセメントモルタルの物理的性質（SI単位系導入前の試験による）[7]

試験項目	測定材齢	試験方法	試験値	
			ウレサッシU混入セメントモルタル	普通セメントモルタル
熱伝導率（kcal/m・h・℃）	7日	JIS A 1412	0.206	0.780
弾性係数（kgf/cm^2）	28日	ASTM 469	29,000	145,000
付着強度（kgf/cm^2）	28日	日本住宅公団	10.2	14.7
気乾密度（g/cm^3）	28日	−	普通セメントモルタルの1/3	−
圧縮強度（kgf/cm^2）	28日	JIS A 1108	69	120
乾燥収縮（%）	6か月	JIS A 1129	0.150	0.155

る抵抗性などの点で十分利用可能であるとしている[8]。**図4**および**図5**には，廃EPS骨材の製造方法およびこれを混入したセメントモルタルの凍結融解に対する抵抗性を示す[8]。

　笠井らは，廃EPSインゴット破砕材をセメントコンクリート用軽量骨材として用いることによって，単位容積質量1.76～1.83t/m³で，圧縮強度15～33MPa程度の軽量セメントコンクリートが製造できることを確認している[9]。

その他の廃プラスチック

　その他の廃プラスチックとして，廃ABS樹脂粉末あるいは廃高密度ポリエチレン（HDPE）の薄片・細粒などをセメントコンクリート（モルタル）の結合材や骨材の一部として用いた研究・開発が，海外を中心に活発に進められている[10) 11)]。

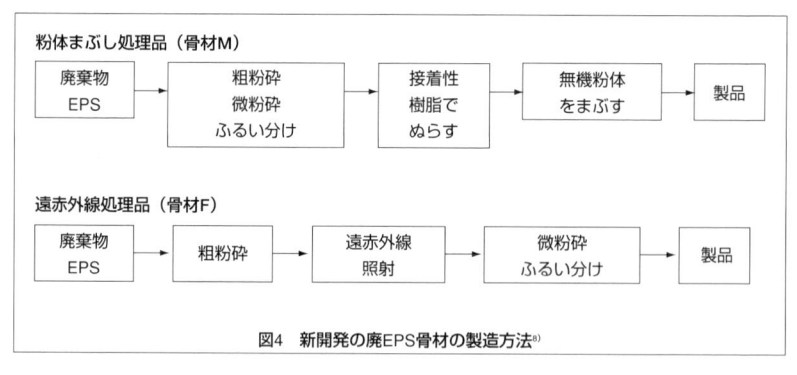

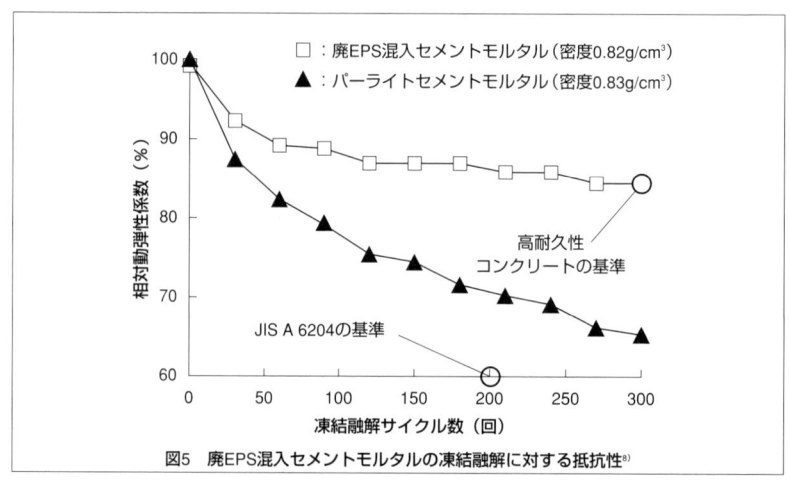

図4　新開発の廃EPS骨材の製造方法[8]

図5　廃EPS混入セメントモルタルの凍結融解に対する抵抗性[8]

【参考文献】
1) 古川 茂・小島 昭・宮本正雄：FRP廃材微粉末を多量に用いたモルタルの性状，第53回セメント技術大会講演要旨，pp.400-401，1999.4
2) 新エネルギー・産業技術総合開発機構（NEDO）受託事業 平成10年度研究終了プロジェクトの紹介 リサイクル等環境技術研究開発（Ⅰ），クリーンジャパン，Vol.131，pp.72-78，1999.8
3) 日本レスコ：廃PET樹脂・廃プラのPETストーン利用（通商産業省S），廃棄物等用途開発・拡大実施事業報告書 平成8年度，pp.Ⅰ-1-Ⅰ-23，1997
4) 小出英夫・外門正直・佐々木 徹：廃プラスチック製骨材を使用した軽量コンクリートの諸特性，コンクリート工学年次論文集，Vol.23，No.1，pp.349-354，2001.6
5) Li, Z., Li, F.and Li, J.S.： Properties of Concrete Incorporating Rubber Tire Particles, Magazine of Concrete Research, Vol.50, No.4, pp.297-304, 1998.12
6) Raghavan, D.：Study of Rubber-Filled Cementitious Composites, Journal of Applied Polymer Science, Vol.77, No.4, pp. 934-942, 2000
7) 宮田孝志・神垣一三・卓谷哲也：廃プラスチック断熱材等を利用した断熱モルタル用骨材の製造，リサイクル技術研究発表会講演論文集，Vol.7，pp.17-22，1999
8) 田中秀男・長瀬公一・市原英樹・渡辺健治・細萱理子：廃棄物発泡スチロールの建材への有効利用，第7回ポリマー材料フォーラム講演要旨集，pp.209-210，1998
9) 笠井哲郎・佐久間雅孝・鑓田宜克：インゴット破砕材を粗骨材として用いた軽量コンクリートの基礎性状，土木学会第55回年次学術講演会講演概要集 第5部，pp.302-303，2000.9
10) Palos, A., D. Souza, N., Snively, C.T. and Reidy, R.F.：Modification of Cement Mortar with Recycled ABS, Cement and Concrete Research, Vol.31, No.7, pp.1003-1007, 2001.7
11) Soroushian, P., Eldarwish, A.I., Tlili, A. and Ostowari, K.：Experimental Investigation of the Optimized Use of Plastics Flakes in Normal-Weight Concrete, Magazine of Concrete Research, Vol.51, No.1, pp.27-33, 1999.2

環境負荷低減(循環型社会)を考慮した
コンクリート・ポリマー複合体②

ここでは,「ポリマーコンクリート(モルタル)用骨材および結合材としての廃棄物の再資源化技術の動向」について紹介する。

廃棄物のポリマーコンクリート(モルタル)用骨材としてのリサイクル事例

国と広島県の助成を受けて設立された企業組合(ヒロシマセブンリサーチャー)では,船舶やバスユニットなどのFRP製品を,FRPの形態を保持したチップ状に切断加工し,骨材としてリサイクルさせる技術を開発しており,この廃FRPチップを用いたポリマーモルタルの側溝蓋やバスユニット洗場防水パンなどへの実用化研究を進めている。図1には,廃FRPの粉砕によるリサイクルのフローを示す[1]。

上原らは,軽金属協会が通商産業省の委託を受けて設置した「アルミニウムドロスの処理とリサイクルに関する調査研究委員会」における調査研究活動の一部として,アルミニウムドロス(ドロス:アルミニウムを溶解したときに生じる残し)をポリエステルコンクリート用骨材に用いる可能性について検討している。その結果,調合および練混ぜ方法によっては,市販品と同等以上の強度と耐水性を持つポリエステルコンクリートが得られている[2]。

平島らは,ベアリングの製造工程から出る研削スラッジ(微細でらせん型繊維状で,少量の砥粒を含み,大部分は埋立て処理される)を不飽和ポリエステル樹脂と複合化してガーデニング用品(注型成形による花壇縁取り材)の製造を試みている。研削スラッジの混入によって,ポリエステルモ

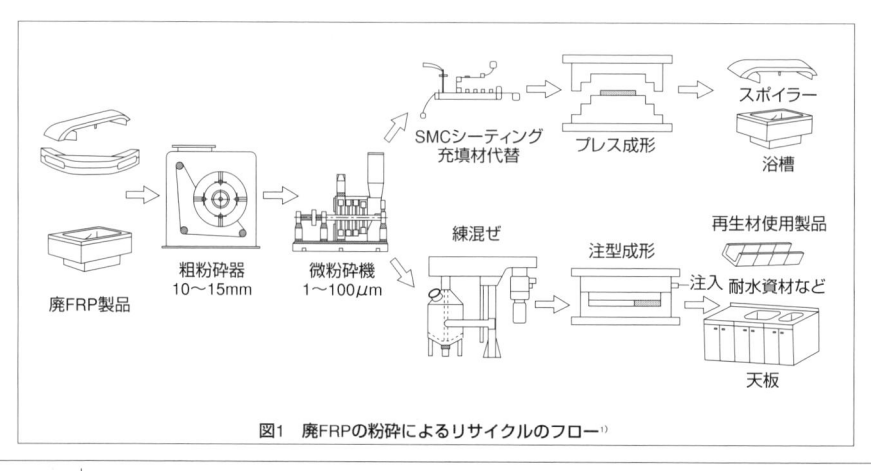

図1 廃FRPの粉砕によるリサイクルのフロー[1]

ルタルの曲げ強さはやや低下するが，スラッジ未混入のものに比べ，破断時に破片が発生せず，破断面が鋭くなくなり，安全性が向上する[3]。

　島崎らは，産業廃棄物である解体（セメント）コンクリートからの再生骨材や廃プラスチック類から製造したプラスチックチップを用いたポリエステルコンクリートの力学的特性について検討している。気乾状態の再生骨材を使用した場合には，曲げ強度の低下がみられるが，絶乾状態の再生骨材で置換した場合には，曲げ強度の低下割合は小さくなる。また，プラスチックチップを用いることによって，ポリエステルコンクリートの靱性が改善される[4]。

廃プラスチックのポリマーコンクリート（モルタル）用液状レジンとしてのリサイクル事例

廃PET

　Rebeizは，廃PET回収品を原料とする不飽和ポリエステル樹脂（PET再生樹脂）を利用したポリエステルコンクリートの強度について試験を行っている。PET再生樹脂を用いたポリエステルコンクリートは，良好な強度性状を有するとともに，その調合の調整によって強度を制御でき，広範囲の土木材料に適用できることを明らかにしている。また，PET再生樹脂と砂，フライアッシュなどの無機物からポリエステルコンクリートを製造する場合は，脱色など廃PETの精製が不要なため，コスト面でも有利であるという。**表1**には，PET再生樹脂を用いたポリエステルコンクリートの特性を示す[5]。また，**図2**には，PET再生樹脂を用いたポリエステルコンクリートの製造工程を示す[5]。

　Abdelらは，酢酸マンガン触媒の存在下でジエチレングリコール（DG）とプロピレングリコール（PG）の混合物を用いて，廃PET織物の解重合を行い，この生成物をセバシン酸と無水マレイン酸の混合物と反応させて，種々の

表1　PET再生樹脂を用いたポリエステルコンクリートの特性[5]

特　性	ポリエステルコンクリート	セメントコンクリート
圧縮強度（MPa）	92.0	35.0
圧縮弾性係数（GPa）	28.5	28.0
曲げ強度（MPa）	19.0	6.0
曲げ弾性係数（GPa）	27.0	27.0
終局圧縮ひずみ	0.006	0.003
セメントコンクリートに対する引張接着強度（MPa）	2.0	2.0
線膨張係数（20～70℃）（10^{-6}/℃）	15.0	10.0
ポアソン比	0.27	0.18
乾燥収縮（$\times 10^{-3}$）	2.0	0.5
吸水率（%）	≦1	5
耐酸性	非常によい	悪い
耐摩耗性	非常によい	悪い～よい

図2 PET再生樹脂を用いたポリエステルコンクリートの製造工程[5]

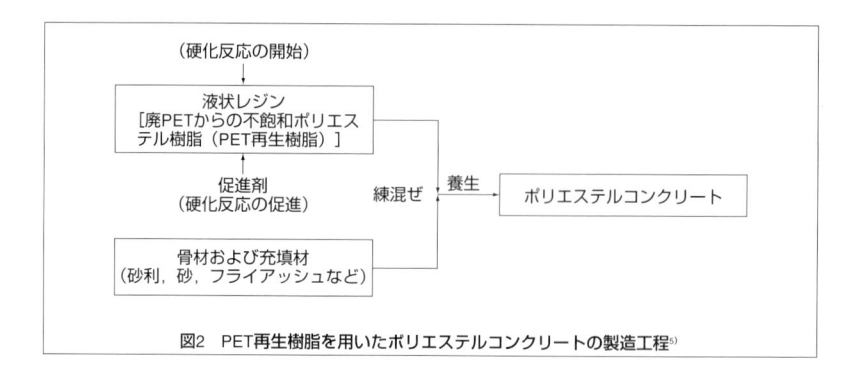

分子量を持つ不飽和ポリエステル樹脂を製造している。このPET再生樹脂を砂利などと混ぜて硬化させたポリエステルコンクリートの圧縮強度は，未使用（バージン）樹脂を用いたものと同等であり，廃PETを用いることで，液状レジンのコスト低減と環境問題の解決が期待できる[6]。

廃EPS

大濱らは，廃発泡ポリスチレン（廃EPS）を新しいポリマーモルタル用結合材として利用することを目的とし，廃EPSをスチレンに溶解した溶液を結合材として用いたポリマーモルタルの結合材粘度，可使時間，曲げおよび圧縮強さに及ぼす廃EPS溶液濃度および架橋剤（トリメチロールプロパントリメタクリレート：TMPTMA）添加率の影響を検討している[7]。図3には，廃EPS溶液を結合材としたポリマーモルタルの可使時間および曲

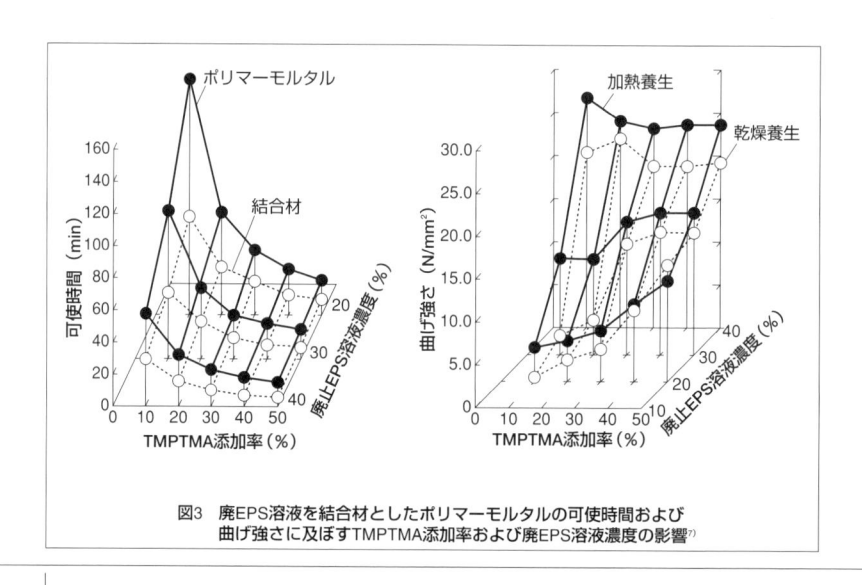

図3 廃EPS溶液を結合材としたポリマーモルタルの可使時間および曲げ強さに及ぼすTMPTMA添加率および廃EPS溶液濃度の影響[7]

げ強さに及ぼすTMPTMA添加率および廃EPS溶液濃度の影響を示す。**図4**には，廃EPS溶液を結合材としたポリマーモルタルの製造工程を示す[8]。

また，大濱らは，建設発生廃木材および廃EPSの新規なリサイクル技術の開発を目的として，廃EPSをスチレンに溶解した溶液を結合材として用い，これに建設発生廃木材のチップを加えて練り混ぜ，ホットプレスによって成形する廃木材－廃EPS複合体の製造法を開発している。重合反応と成形を同時に行うこの方法は，その製造工程が簡単であり，さらに，結合材としては廃EPS溶液を，骨材としては廃木材チップを利用するため，工

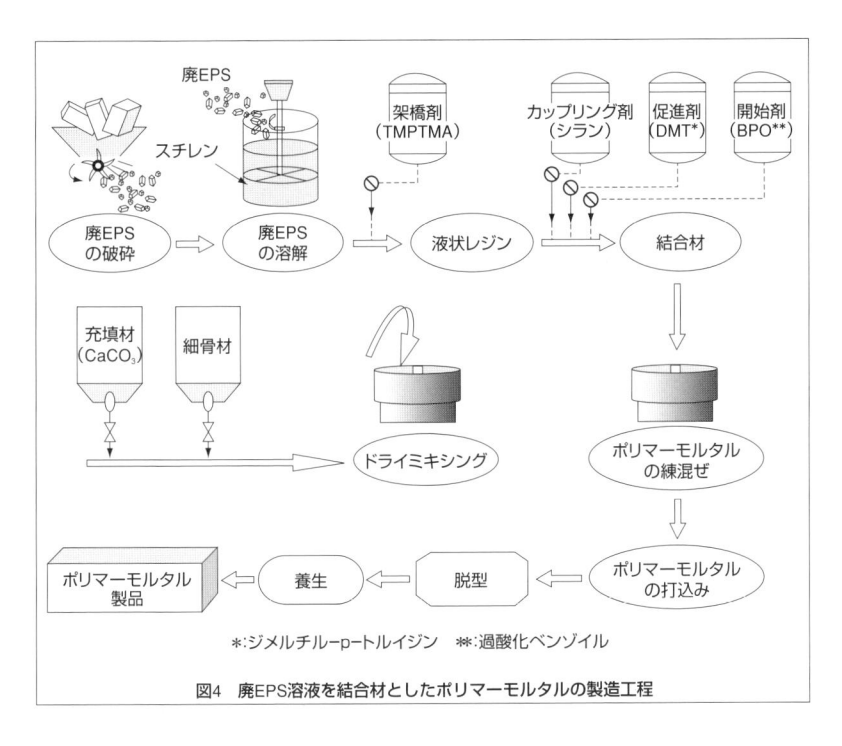

図4 廃EPS溶液を結合材としたポリマーモルタルの製造工程

❶ホットプレス装置[9]

❷廃木材－廃EPS複合体の外観[9]

業生産性のある建設発生廃木材および廃EPSのリサイクル方法として期待される。**写真❶**，**❷**には，ホットプレス装置および廃木材－廃EPS複合体の外観を示す[9]。

【参考文献】
1) 岡村雅晴・森口 誠・山本睦也・池田芳清・斎藤詔一・古満誠三郎・好満芳邦：企業組合によるFRPリサイクル技術への挑戦，強化プラスチックス，Vol.43，No.11，pp.437-445，1997
2) 上原 赫・水谷 潔・大西忠一：骨材としてアルミニウムドロス残灰を用いたレジンコンクリートの作製とその特性，軽金属，Vol. 48, No.6, pp.276-281, 1998
3) 平島 康・山本和敏：研削スラッジを用いたガーデニング用品の開発，徳島県立工業技術センター研究報告，Vol.8，pp.23-27，1999
4) 島崎 磐・鎌田敏郎・国枝 稔・六郷恵哲：廃棄物を混入したレジンコンクリートに関する性能評価，コンクリート工学年次論文集，Vol.22, No.2, pp.1291-1296, 2000.6
5) Rebeiz, K.S. and Craft, A.P. : Plastics Waste Management in Construction : Technological and Institutional Issues, Resources, Conservation and Recycling, Vol.15, No.3/4, pp.245-257, 1995
6) Abdel-Azim, A. A. and Atta, A.M. : Recycled Flexible Resins in Concrete, Polymer Journal, Vol.29, No.1, pp.21-24, 1997
7) 崔 洛運・大濱嘉彦・出村克宣：廃発泡ポリスチレンを用いたポリマーモルタルの基礎性状に及ぼす廃発泡ポリスチレン溶液濃度および架橋剤添加率の影響，コンクリート工学年次論文集，Vol.23, No.2, pp.1135-1140, 2001.6
8) 日本コンクリート工学協会：廃棄物のコンクリート材料への再資源化研究委員会報告書，日本コンクリート工学協会，pp.247-265, 2003.6
9) 崔 洛運・大濱嘉彦：ホットプレス成形法による廃木材－廃発泡ポリスチレン複合体の基礎的性質に及ぼす成形条件の影響，日本建築学会構造系論文集，第561号，pp.31-36, 2002.11

監修者略歴

大濱嘉彦（おおはま よしひこ）
執筆担当　第1章
1959年　山口大学工学部工業化学科卒業
1959年　小野田セメント㈱入社
　　　　中央研究所研究員
1966年　建設省建築研究所入所 研究員，主任研究員
　　　　無機材料研究室長歴任
1976年　日本大学工学部建築学科助教授
1983年　同大学工学部建築学科教授
2007年　同大学工学部建築学科教授定年退職，名誉教授
資　格　工学博士
賞　　　日本材料学会論文賞（1981），CANMET/ACI国際会議賞（1992），日本建築仕上学会論文賞（1993），日本建築学会論文賞（1997），ICPIC Owen Nutt賞（2001），日本コンクリート工学協会名誉会員（2007）
著　作　「プラスチックスコンクリート」（共著）高分子刊行会1965），「高分子防水」高分子刊行会（1972），「ポリマーコンクリート」（共著）シーエムシー（1984），「Polymers in Concrete」（共著）CRC Press（1994），「Handbook of Polymer-Modified Concrete and Mortars-Properties and Process Technology」Noyes Publications（1995），「新版建築材料学」（共著）理工図書（2000），「建築材料学」（共著）共立出版（2007）

執筆者略歴（50音順）

飯塚　泉（いいづか いずみ）
執筆担当　第2章左官材料／タイル張り用接着材
1992年　東京理科大学理工学部第二部化学科卒業
1992年　日本化成㈱入社　中央研究所
現　在　同社中央研究所主任

池谷純一（いけたに じゅんいち）
執筆担当　第2章耐震補強用連続繊維シート／その他の連続繊維補強材
1984年　東京理科大学理Ⅱ学部化学科卒業
1985年　清水建設㈱入社
現　在　同社技術研究所テクノセンター
賞　　　日本材料学会技術賞（2003），日本建築学会賞〈技術〉（2004）

小川晴果（おがわ はるか）
執筆担当　第3章環境負荷低減（循環型社会）を考慮したコンクリート・ポリマー複合体①～②
1980年　早稲田大学理工学部建築学科卒業
1982年　同大学院理工学研究科建設工学（建築）専攻修士課程修了
1982年　㈱大林組入社
現　在　同社技術研究所建築材料研究室仕上げ材料グループ長
資　格　博士（工学），一級建築士
賞　　　日本建築仕上学会論文奨励賞（1997）
著　作　「建築新素材・新材料」（共著）丸善（1991），「建築工事標準仕様書・同解説 JASS8 防水工事 第5版」（共著）日本建築学会（2000），「非構造部材の耐震設計施工指針・同解説および耐震設計施工要領 第2版」（共著）日本建築学会（2003），「建築工事標準仕様書・同解説 JASS19陶磁器質タイル張り工事 第3版」（共著）日本建築学会（2005），「ポリマーセメント系塗膜防水工事施工指針（案）・同解説 第1版」（共著）日本建築学会（2006）

叶　健児（かのう けんじ）
執筆担当　第2章表面改質用コンクリート・ポリマー複合体
1977年　神戸大学農学部農芸化学科卒業
1979年　京都大学大学院農学研究科農芸化学専攻修了
1979年　製鉄化学工業㈱（現 住友精化㈱）入社
現　在　同社機能樹脂事業部微粒子ポリマー部建設資材グループ

小宮山 正（こみやま まさし）
執筆担当　第2章プレキャスト製品
1977年　日本大学工学部土木工学科卒業
1980年　同大学院工学研究科博士前期課程建築学専攻修了
1980年　㈱サンレック入社
現　在　同社西日本工場
賞　　　日本材料学会論文賞（1981）

白井 篤（しらい あつし）
執筆担当　第3章今後期待されるコンクリート・ポリマー複合体①～③
1982年　日本大学工学部建築学科卒業
1984年　同大学院工学研究科博士前期課程建築学専攻修了
1991年　同大学院工学研究科博士後期課程建築学専攻修了
1985年　東京家政学院大学家政学部住居学科助手
現　在　同大学家政学部住居学科准教授
資　格　博士（工学），一級建築士

永井香織（ながい かおり）
執筆担当　第2章仕上塗材
1992年　日本大学生産工学部建築工学科卒業
1992年　大成建設㈱入社技術研究所材料研究室
現　在　同社技術センター建築技術研究所構工法研究室材料チーム
資　格　博士（工学），一級建築士
賞　　　日本MRSシンポジウムポスターセッション賞（1995），レーザー学会論文奨励賞（1995），日本仕上学会論文奨励賞（2000），リフォーム＆リニューアル展コンペ入賞（2002）
著　作　日本建築学会編「建築工事標準仕様書・同解説 JASS26 内装工事 第2版」（共著），日本建築学会，2006

堀田忠義（ほった ただよし）
執筆担当　第2章ポリマーセメント系塗膜防水材／舗装材
1962年　三重県立四日市工業高等学校工業化学科卒業
1962年　日本合成ゴム（現 JSR）㈱入社
2007年　同社定年退社

松林裕二（まつばやし　ゆうじ）
執筆担当　第2章鉄筋コンクリート補修用コンクリート・ポリマー複合体
1984年　日本大学工学部建築学科卒業
1985年　小野田建材㈱（現 太平洋マテリアル㈱）入社
2002年　宇都宮大学大学院工学研究科博士後期課程修了
現　在　太平洋マテリアル㈱開発研究所補修材料グループリーダー
資　格　博士（工学），一級建築士

山田康史（やまだ やすふみ）
執筆担当　第2章塗床材／鉄筋コンクリート用防食材
1983年　北海道大学工学部合成化学工学科卒業
1985年　同大学院工学研究科合成化学工学専攻修了
1985年　三井石油化学工業㈱入社
現　在　三井化学㈱在籍

よくわかる「ポリマーセメントコンクリート / ポリマーコンクリート」の基本と応用

よくわかる「ポリマーセメントコンクリート/ポリマーコンクリート」の基本と応用

発行	2007年7月31日
監修	大濱嘉彦
共著	飯塚 泉、池谷純一、小川晴果、叶 健児、小宮山 正、白井 篤、永井香織、堀田忠義、松林裕二、山田康史
発行者	橋戸幹彦
発行所	株式会社建築技術 〒101-0061 東京都千代田区三崎町3-10-4　千代田ビル TEL 03-3222-5951 FAX 03-3222-5957 http://www.k-gijutsu.co.jp 振替口座 00100-7-72417
デザイン	赤崎正一
DTP組版	田中久雄
印刷・製本	田中製本印刷株式会社

落丁・乱丁本はお取り替えいたします。
ISBN987-4-7677-0117-2 C3052

©2007　Y. Ohama